# 预算大师的理财课

（美）杰西·米查姆　著
张惟佳　译

山西出版传媒集团
山西人民出版社

**图书在版编目（CIP）数据**

预算大师的理财课 /（美）杰西·米查姆著；张惟佳译. -- 太原：山西人民出版社，2020.9

ISBN 978-7-203-11451-2

Ⅰ.①预… Ⅱ.①杰… ②张… Ⅲ.①家庭管理—财务管理—基本知识 Ⅳ.① TS976.15

中国版本图书馆 CIP 数据核字 (2020) 第 084279 号

著作权合同登记号 图字：04-2020-009

**预算大师的理财课**

**著　　者：**（美）杰西·米查姆
**译　　者：**张惟佳
**责任编辑：**李　鑫
**复　　审：**傅晓红
**终　　审：**梁晋华
**装帧设计：**陈　瑶

**出 版 者：山西出版传媒集团·山西人民出版社**
**地　　址：**太原市建设南路 21 号
**邮　　编：**030012
**发行营销：**0351-4922220　4955996　4956039　4922127（传真）
**天猫官网：**https://sxrmcbs.tmall.com　电话：0351-4922159
**E-mail：**sxskcb@163.com　发行部
sxskcb@126.com　总编室
**网　　址：**www.sxskcb.com

**经 销 者：山西出版传媒集团·山西人民出版社**
**承 印 厂：**三河市宏顺兴印刷有限公司

**开　　本：**710mm × 1000mm　1/16
**印　　张：**12.25
**字　　数：**150 千字
**印　　数：**1-5000 册
**版　　次：**2020 年 9 月　第 1 版
**印　　次：**2020 年 9 月　第 1 次印刷
**书　　号：**ISBN 978-7-203-11451-2
**定　　价：**48.00 元

# 开篇语
# 想改变生活，从学会花钱开始

21世纪伊始，年轻的我们怀揣着梦想与激情，开创了“舵手图书”品牌，旨在通过整合中外资源，为广大投资者传播最有价值的理财投资思想。

资本市场波诡云谲，理论与实践间、新知与经典间极易冲突、碰撞，但始终未改我们对价值的极致追求——我们大胆求索、积极开拓，先后与多家世界著名出版机构合作，引进了一批享誉全球投资界的经典巨著，如《怎样选择成长股》《股票大作手回忆录》《股市晴雨表》《擒庄秘籍》《新金融怪杰》《人人都能成为有钱人》《救救你的钱包》等著作，深受广大读者好评。

随着大资管时代的来临，投资理财已然成为公众热议的话题。然而，当我们谈到理财时，想到的不是投资就是赚钱，似乎这是改变财务状况的唯一出路。实际上，支出管理也是理财非常重要的一个方面。正如比尔·盖茨所说：巧妙地花一笔钱和挣到这笔钱一样困难。

关于如何赚钱的理财类书籍很多，但怎样把钱花好的书却很少，即便讲到这方面的内容，也是谈如何控制自己的购买欲望，如何节俭，不要买不需要的东西等等，根本解决不了问题。于是，人们只好拼命想办法赚钱，以为赚得多了就能实现财务自由了，就能达成幸福生活了。殊不知，赚得越多，花得越多，赚钱的速度总是赶不上花钱的速度，财务困境依然是一个难以解决的问题。

所幸，我们终于发现了一本既不违背人类满足自身欲望的天性，又能切实解决个人和家庭财务问题的好书——《预算大师的理财课》。作者杰西·米查姆用自己的亲身经历，告诉我们怎样把钱花好，怎样通过预算来改善自己的财务状况，从而过上自己想要的生活。

《预算大师的理财课》归根结底是预算。这里所讲的预算，不是简单粗暴地压缩支出和消费，一味地节衣缩食，把一分钱掰成两半花；更不是压抑自己的购买欲望，尽可能地少花钱或不花钱；而是通过预算让个人或家庭的支出变得有效率、有针对性、有目的性。也就是说，把你生活中所需要支出的项目以及你想要做的事情按照重要程度列入到预算计划当中，通过优先满足重要事项来管理支出……

我们希望有越来越多的人能够认识到“花钱”和“赚钱”一样，是个人和家庭理财的一个非常重要的组成部分，不仅应该引起大家的足够重视，而且确实需要我们为之而认真践行。

为此，随着本书出版，我们将为大家提供与本书主题相关的服务内容，组织大家一起学习、讨论和分享，包括在用预算管理自己的财务过程中遇到的困难和问题，以及成功地用预算改变了自己生活的各种故事、心得和经验。

愿《预算大师的理财课》这本书在改变我们观念的同时，也能彻底改变我们的生活。

# 引　言

如果你正在读这本书，金钱正在某种程度上给你带来了压力。对你们中的一些人来说，可能已经火烧眉毛；对另一些人来说，也许你只知道你的资金状况不尽如人意。无论我们是在恐慌还是只是感到不安，“钱”总是在很多层面上阻碍着我们内心的平静。我们通常甚至都没有注意到它的发生。

上班午休，当你拿着一个6美元的火鸡三明治，站在收银台前的时候，想到家里冰箱里那堆冷盘，你想到，“我应该早点起床带午饭的”。你读了一篇关于你们这代人如何没有为退休储蓄足够金钱的文章，你想知道你是否应该增加401（k）计划①的缴款。你攒钱想装修浴室，仍担心是否值得，因为你的笔记本电脑快坏了，家里的狗腿瘸了。大学学费的增长速度，让我们觉得从我们上幼儿园直至上大学都应吃便宜的豆罐头来攒钱。这种紧绷的感觉冲击着你的胸部，使你的呼吸变得有点虚弱。

---

① 401（k），取自美国1978年《国内收入法》中的（section401k）条款，它是美国一种特殊的退休储蓄计划，它深受欢迎的原因是可以享受税收优惠。

而你只是把压力归咎于你繁忙的日程安排。

那些像剑刺一样的压力实际上是一个重复性问题：我能负担得起吗？这个问题就像中午和朋友去哪里吃个午饭一样微不足道，却伴随我们直至退休。它一直困扰着我们所有人，无论我们是富有还是破产，我们总是在想我们是否能负担得起。

关于这个“钱”的问题，“我应该吗？”要比“我可以吗？”更值得思考。这或许来自于我们的攀比本性，但主要是由于我们不知道我们真正想要的是什么。一位同事分享说他每个月都存一笔孩子的教育金，你想知道自己是否也应该这样做。你的表亲在朋友圈晒出迪斯尼家庭游的全程照片，于是你会想：“我应该去度假吗？”

当陷入“我应该吗？”“我可以吗？”这个循环圈，焦虑持续发酵时，我们知道我们应该做些什么了——只是不确定是什么事情，或者什么时候，或者我们能做什么。

我们大多数人在这一点上感到麻痹，最终什么都不做，通常有以下三个原因之一：

**我们不能自信地说：“我们知道什么是最好的。”**我们被各种选择压得喘不过气来，不知道是相信自己的直觉，还是电视上那个对我们大喊大叫的家伙，还是别的什么。

**我们没有一个决策体系。**我将在整本书中讨论这个问题，但底线是我们需要一个适当的系统来推动我们的决策。如果没有，我们就会为了心血来潮的事情来攒钱花钱。

**我们害怕知道真相。**我们的财务状况是个黑匣子。钱从我们的账户里飞进飞出，我们认为我们做得很好，因为余额永远不会达到零，但我们不知道真正发生了什么。我们害怕发现真相。

该怎么办？有这么多的因素让你保持中立，你怎么能打破这种僵局呢？这就是这本书能帮你弄明白的。我的第一个，也是最大的建议可能会让你摆脱任何财务僵局：

忘了“钱”这回事儿吧。

说真的。因为这不是“钱”的问题。好吧，这和钱有关。但金钱不是重点，也不是最终目标。事实上，当我们为自己的财务状况感到压力时，那是因为我们不确定自己的财务决定是否与我们想要的生活相符。

我们需要问自己的问题并不是“我可以吗？”或者“我应该吗？”而是“我想让我的钱为我做什么？”。回答这个问题将帮助我们应对无穷无尽的选择、与他人攀比的压力，以及对自己花钱不够明智的恐惧。

我想要我的钱为我做什么？它的作用就像一个直觉检查，帮助我们看到我们的优先事项是否驱动我们的金钱决定。当我们知道我们的钱能为我们做什么时，选择就会变得不那么令人畏惧，信心很快就会取代压力。

## 直觉检查：开始

我想要我的钱为我做什么？

在你投入工作、消费、储蓄和压力的所有时间里，你有没有问过自己这个问题？

如果没有，不要担心。我们大多数人都不这么想钱，老实说，这是一个很难回答的问题。不仅如此，随着时间的推移，你的答案也会发生变化。这就是为什么你需要在做决定的时候坚持做内心的直觉检查。检查将确认你的优先事项，或者注意到事项的变化。

让我解释清楚："我想要什么?"和"我想要我的钱为我做什么?"是不同的问题。我不是在逼你写你的假期愿望清单。"我想让我的钱为我做什么?"就是决定你想过什么样的生活，然后制定一个计划，这样你的钱就能帮你实现目标。

如果你还没有过上你想要的人生，你会怎么生活?如果你的答案与你现在的实际情况完全不同，不要担心，想想什么对你来说是重要的。也许你想要的生活包括和孩子们呆在家里，每年一次的欧洲假期，重返校园，或者只是为了减少账单带来的压力。它可能就是这些，这无关紧要——关键是确定你的优先事项是什么，然后制定一个计划去实现它们。

如果没有一个计划，你就会浮想联翩，浑浑噩噩，希望有一天生活能步入正轨。这很像去上大学而从不选择专业（也许你是那样做的），或者去超市买东西，漫无目的地在货架上随便挑些东西，希望它们能凑出一顿晚餐（也许你是那样做的）。这就是我们对待金钱的态度。它只是来了又去，从未深思，直到我们突然感到压力。我们甚至没有意识到我们在为钱而感到压力。一切都只是会觉得难以承受。

## 解决你金钱压力的良药

那个小小的人生计划吗?它实际上是一个预算。是的，一个预算：你需要一个，我需要一个。我们都需要预算——不管我们有（或没有）多少钱。既然你已经拿起了这本书，所以你可能已经知道了，但预算的想法可能仍然吓着你。如果你担心预算会太死板、太严格、太无情，那么是时候从另一个角度来看待预算了。忘掉你的钱做不到的事情（我负担不起那次旅行），忘掉你必须用钱做的事情（我必须偿还我的学生贷款）。相反，想想你想要什么，然后从那里开始。我想带我的家人去意大利。我想过无债一身轻的生活。我想请一位私人教师来学意大利语。预算可以让你为所有这些事情做计划。

我之前提到过，我们很多人都在为如何抉择"钱"的问题而挣扎，那是因为我们没有一个做决定的系统。你的预算就是这个系统。它是一个围绕你想要的生活的设计工具。没有预算，你无法确定支出的优先顺序。你甚至不知道你的钱真正花到哪里去了。你可能会因为无法负担对你来说重要的东西而感到压力，同时你也会消费一些你情愿放弃的东西上，这就是（好的）预算的美妙之处：它让你确切地看到你的支出如何影响你的余生。

也许那次意大利之行超出了你的预想情况。与此同时，你叫外卖的习惯每月要花掉你几百美元，而你并不觉得有多好吃。你可能把自己的衣橱塞满了从淘宝上一时冲动而购买的衣物，当你对自己的学生贷款欠账感到畏缩时，却没意识到你很少穿这些东西。

如果你一直想知道你将如何负担得起赤字（填补亏空），你可能不得不让自己像曾经想的那样去看问题。这使预算实际上变得有趣和自由。没有什么比削减无意义的开支，把这些钱花在曾经看起来像白日梦的事情上更快乐的了。想象一下，当你的腰围缩小时，你的度假基金却在增加（一举两得），或者看到你的学生债务随着你的杂乱衣柜一起消失。

当这些钱不再因你的心血来潮而离开时，你可以确定他们都被花在了你所看重的事情上。你的预算可以让你毫无罪恶感地消费和储蓄，因为你已经决定了你想要这些钱去哪里。预算帮助你从一个全新的角度看待你的钱，这样你总能对自己的决定感到满意——无论你是否在花钱。

这对每个人来说都是不一样的。在仔细观察你的消费之后，你可能会决定外卖和淘宝购买对你来说都很重要——可能只是没有为意大利之旅存钱或偿还贷款那么重要。无论你做什么决定，你都可以找到一种方式来资助任何对你来说能让你过上美好生活的事情。你只需要一个计划。

## 符合“你需要一套预算”（YNAB）的四条规则

在你阅读完本书时，本书将为你提供两个非常强大的个人工具：

为你想要的生活量身定制的具体财务决策系统。这个系统就是你的预算。

用一种前所未有的全新心态来看待自己的金钱。这种心态是 YNAB 的四条规则。

我将把这本书的其余部分拆成四条规则，并向您展示“YNABers”（使用 YNAB 的人）如何使用这些规则来改变他们的生活。如下所示：

**规则一：让每一块钱都物尽其用。**第一条规则就是要积极主动，生活并不只是简单地要你花钱。相反，你会先决定优先事项，然后在这些优先事项上分配资金（只包括你现在拥有的资金——我们会详细讨论这个！）。因为你的钱都花在了你最优先考虑的事情上，所以你的花销达到了一个更高的标准。

**规则二：接受你真实的支出**，把提前思考和现在就行动结合起来。不管费用是像钟表一样准时发生（租金）、无法预测（修车），还是只是遥远的梦想（婚礼准备金），它们都是你真实支出的一部分。关键是每次准备一点，把它们都当作每月的开销。

**规则三：避其锋芒，顺势而为**，帮助你适应，这样你就能应付任何事情。你的预算是一个计划——但是计划会改变，你的预算也应该改变。与朋友共进晚餐时花费超出预期？日子不如人意？别着急，只要从低优先级的类别中抽出一些钱，然后继续。你没有在预算上失败，你已经适应了其中最好的。这种灵活性并不是大多数人想象的那样，但它可能是让预算发挥作用的关键。

**规则四：规定钱的“年龄”**，让你努力去花至少30天的时间挣来的钱（而非寅吃卯粮），当你延长了钱从到手至花出去的时间，你就会更安全，更灵活，更少压力。如果你执行前三项规则，你会在不知不觉中使你的钱“变老”，你可以正式地说你摆脱了从“薪水到薪水”[①] 的循环（我想你早该摆脱这种日子了）。

这四条规则对任何人都适用，不管你的收入水平或目标是什么。不管你是刚刚步入成年的应届毕业生，还是刚刚开始从401（k）计划中取钱的退休人员。富人或穷人，节俭或挥金如土的人，这四条规则将帮助你积极参与到“钱”的决策中，以便你掌控自己的财务状况。

---

① Paycheck to paycheck（“薪水到薪水”）是一种表达方式，用于描述在失业时无法履行财务义务的个人，因为他或她的工资主要用于支出。这类人没有或只有少量储蓄，如果突然失业，则比那些积累了积蓄的个人面临更大的经济风险。

## 讲四条规则之前，先讲一对新婚夫妇的故事

我在2004年创办了“你需要一套预算”（YNAB）活动，因为我的妻子朱莉和我都很绝望。我们是一对22岁的新婚夫妇，住在一栋60年前老房子的300平方英尺的地下室里。我们都是“依靠爱情生活”的学生，但爱情并不能支付你的大学学费、书本费或公交卡。（我提到过我们没有车吗？）我距离完成会计硕士学位还有三年的时间，所以在不久的将来我不可能获得一份真正的薪水。朱莉正在完成她学士学位的社会实践，并开始工作——只为了一小时10.50美元的薪酬。

最重要的是，我们正计划生第一个孩子，我们无法承担起让朱莉成为一个全职妈妈的梦想。我感到很绝望，但作为一个数字狂人，我知道我会在Excel电子表格中找到答案（在这个表格中，生活中的所有奇迹都会发生）。所以我开始研发一个系统来帮助我们记录我们的开销。

我的想法很简单。我打算把我们花的钱都记录下来。电子表格的每一行表示一年中的一天。我们所有的支出和储蓄项目都排在前列。我把日常消费都包括在内：食品杂货、书本费、外出就餐、电话、汽油等等。预算表对我来说是美丽的，就像任何普通东西在它的创造者眼里都是美丽的一样。

朱莉和我坚持每天使用预算表，几个月后，一些令人惊讶的事情发生了。尽管我们的财务状况很差，但我们意识到我们做得很好。我们可以支付账单，甚至存一点钱。我们仍然做着所有的事情，为了过得好一点，我们每个月都安排几个晚上约会，和朋友出去玩，每个人都有一些零花钱。我们不仅靠薪水

维生，而且在实现我们的目标。预算有效了。

所以我做了一些思考。如果我的预算策略对我有效，也许它对其他人也有效。那时，我们渴望有更多的钱来实现让朱莉成为一个全职妈妈的目标。我开始想，我可以带来额外的收入，而不仅仅是靠实习工作，以便朱莉从工作岗位辞职以后我们有更多的喘息空间。我的想法是让人们相信预算也会对他们有用。“你需要一套预算”（YNAB）理念诞生了。

当我开始向人们传授帮助了我和朱莉的原则时，我发现我们所拥有的经验非常特别。我们遵循了四个基本但强大的规则，它们永远地改变了我们的财务状况。我们不为钱而吵架。我们感到满足（即使我们的收入极低）。

十年间，同样的规则已经帮助了世界各地成千上万的个人和家庭。我最终获得了会计学硕士学位，成为了注册会计师，但我避开了注册会计师的明星光环，决定把“你需要一套预算”（YNAB）投入到一个全面的业务中去。我的全职工作以及整本书——专注于帮助您认识到财务自由，也可以属于你自己。但要得到它，你需要一个预算。

和我一起，体验全新预算方式。

## 让我们弄清楚一些事情

在我们进一步讨论之前，我想澄清一些事情：

**我永远不会告诉你怎么花你的钱**。是的，这是一本个人理财书，但，我没有资格告诉你，你的钱是应该放在股市里，还是应该存进你的储蓄账户里，还是应该放在你的脚上，买一双新的乔丹鞋（你选择哪种颜色）。你是唯一知道你的钱需要为你做什么的人，因为你的优先事项是你自己的。但弄清楚你想让你的钱做什么是最困难的部分，这就是我在这里帮助你实现的。随着时间的推移，你的目标和优先事项可能也会改变。这是正常的。这完全取决于你想要什么样的生活。

**你无需订阅“你需要一套预算”（YNAB）的在线预算软件**。如果你还不知道，那我告诉你“你需要一套预算”（YNAB）更多的是关于你的金钱观念，而不是你如何选择记录你的钱。无论您多年来一直使用“你需要一套预算”（YNAB）的软件，还是你更喜欢用纸和铅笔来记录你的进度，“你需要一套预算”（YNAB）的四条规则仍然适用。考虑一下如何最方便地记录预算。Excel 给我带来了一些我无法完全解释的快乐，所以朱莉和我愉快地记录了几年 YNAB 电子表格。如果你更喜欢纸张，你可以通过一个简单的记事本来做预算。你会经常参与预算，所以确保你选择的记录方法与你的个性相符。

**这不是一种“一劳永逸”的方法**。一些理财指南（书籍，软件，心理学知识，随便什么！）可以让你把所有的事情都变成“自动驾驶”。在支付账单时这样很好，但“你需要一套预算”（YNAB）远不止于此。如果您准备好设计自己想要的生活，那么你需要始终如一地投入资金。每次钱打到你的银行账户上，你就会为这些钱制定一个计划。你所做的每一笔消费都会得到这样一个决定的支持，这就是你真正想要的消费方式。每当你乱花钱的时候，你就会调整你的计划，让它与你的目标保持一致。

我之前说过，这不是关于“钱”的问题，事实并非如此。这是你的优先事项，但是你需要密切注意你用钱做什么，这样才能支持你的优先事项。“你需要一套预算”（YNAB）让你非常有意识地使用你的钱——与“自动驾驶仪”完全相反，但我认为你会发现，一旦开始看到自己能完成的一切，你就不会介意投入额外的时间和精力。

在你打开银行账户之前，让我们即将揭开，颠覆你对金钱看法新思维的帷幕。

## 章节小结

我们大部分的金钱压力都围绕着两个让人神经衰弱的问题：我可以吗，我应该吗。忘记这两个问题，因为它们永远不会帮助你做出好的预算决定。相反，问问自己：我希望我的钱能为我做什么？一旦你这样做了，你就会让优先事项驱动你的选择。

确保你的钱能让你过上你想要的生活的真正秘诀是“你需要一套预算”（YNAB）的四条法则。如果你接受，它们很快就会印在你的脑海里：

- **第一条规则：给每一块钱一份工作**
- **第二条规则：接受你真实的支出**
- **第三条规则：避其锋芒，顺势而为**
- **第四条规则：规定钱的“年龄”**

现在准备好——你再也不会用以前的方式看待你的钱了。

# 目　录

# 第一章

# 一种看待你的钱的新方法

如果你对于“钱”这个理念有些认知，那么来读这本书时，你可能已经尝试过使用预算了。对我们大多数人来说，这个练习过程是这样的：

我们打开一个 Excel 电子表格，为我们的支出类分别记录——我的意思是，我就是这么做的。我们开始列出我们花钱买的东西，但并没有太多的顺序。我们列出了一些固定支出，比如租金，贷款，汽车，生活日常费用。我们也把一些鸡毛蒜皮的开支填入表格，因为这样看起来才像个成年人做的事儿，我们增加了储蓄甚至是度假基金。

一旦我们有了个漂亮的支出清单，我们就会根据我们希望的或者认为的，将每个月的支出金额填满每一行。许多固定支出的项目很容易填，因为它们的金额通常是重复一致的。我们可以为日常必需品这样的项目提供相当准确的数字。对于剩下的部分，我们填入一个觉得可承受但又不太疯狂的数字，因为这是一个预算，而不是一个单纯的数字表格。

当我们完成表格后，我们欣赏着我们的作品。尽管它有漏洞，但比我们以前做得要好。我们制定了一个计划，每个月都要遵循它。确切地知道我们未来的薪水需要去哪里的感觉真好。

但你做了那个漂亮的电子表格后发生了什么？我猜你很快就放弃了。我的朋友尼基和亚伦开始都很兴奋，但一个月后他们就放弃了，因为他们发现自己的实际支出和那些 Excel 表格里的数字根本不一样。他们被这种差异压垮了，决定在生活稍微平静一点的时候重新制定预算（剧透：这种情况永远不会发生）。我的邻居桑玛告诉我，她放弃了自己的预算，因为她制定的计划过于乐观，而她从来没有足够的现金来支撑这些。这一现实让她想要避开她的电子表格，就像她对待自己的前任婆婆一样（两者都让她觉得自己永远都“不够”）。她放弃了，她认为要么是预算没有效果，要么就是她不擅长理财。

如果这种情况听起来很熟悉，不要担心，这不是你的问题。这是一个系统缺陷。

由于某些原因，这种预算方式并不奏效。首先，它没有列出优先顺序。每一个项目都在争夺你的资金，但并没有一个决策机制来决定什么应该首先获得资金，也没有任何机制可以确保不遗漏重要的事情。你可能（希望如此）把账单和生活必需品放在首位，但你将如何决定下一步该拿出多少资金？尤其是，如果你没有足够的钱买所有的东西，把更多的钱用于偿还你的学生贷款，还是存起来用于度假？把钱投到你女儿的“529 大学储蓄计划”[①]里，还是为她的夏令营存钱？左右为难啊！

这种预算方式很死板。当现实生活与你的预测不一致时，预算自动失败。谁想要这种东西啊？

另一个大问题是，这并不是真正的预算，而是**预测**。预测是指你展望未来，猜测自己即将发生的收入和支出。这可能很有趣，因为我们正在描绘我们想要的生活，或者我们想成为什么样的人，而不必担心这些数字是否有效。当你谈论未来的钱时，你很容易在你的假期基金里投入 300 美元，在你的日用杂货里投入

① “529 大学储蓄计划”是一个让你可以储蓄金钱以备支付大学或职业学校费用的户头。你选择一个组合（多种混合投资），然后将你的金钱投资在不同的股票和债券，经过一段时间赚取收益。你在户头所赚的任何收益，均无须付州或联邦税，只要支出符合教育支出用途即可。

500 美元。而反向操作也是一个问题：你可以发誓一个月只花 50 美元买日用杂货，但这在现实生活中是不会发生的，你最终会因为购买家庭必需品超支而感觉很糟。

预测和预算之间的差异很像梦想和行动之间的区别。如果有一天能够让这些数字发挥作用，那么预测和梦想你想要的生活将会很有趣。但是如何看待你现在拥有的资金并根据对你最重要的事情制定支出计划呢？这就是“你需要一套预算”（YNAB）的全部意义所在。

当你换个视角观察，即优先考虑你现在拥有的钱，整个画面都变了。现在你不仅仅是在猜测和希望——你是在有计划地使用你的钱。你把手头的钱花在了优先事项上，暂时忘却了对于以后资金的想法。

听我说：我不是说你不应该考虑未来。你的预算是着眼于未来的，只是要确保你没有预测未来的钱。当钱到达你的账户时，这很棒，但是你只关心你今天拥有的钱是否能让你更接近你的目标。

这种转变是件大事。这是梦想更好的生活和真正创造更好生活的区别。当你让你的优先事项领先的那一刻，你会发现你的许多关于钱的焦虑和你认为根本不是关于钱的焦虑，很快就消失了。迷雾散去，你可以准确地看到你要去的地方。

这正是我们开始做预算时朱莉和我所经历的。我们从想着我们怎样才能负担得起一个有孩子但只有一份收入的家庭，并得以实现。在我们的例子中，包含了一些省钱的极端举措，但那只是因为我们试图用微薄的收入来完成这么多事情。我们的预算很简单，我至今还记得。当时，我们两人每月的收入不到 1900 美元，我们把这些收入放在了以下几个优先事项上：

$350 的租金（包括水电费，甚至固定电话费！）

$120 日用杂货

$15 年度汽车登记费

$75 汽油费

$10 娱乐支出（每人 5 美元）

$25 外出就餐

$125 教科书

$130 健康保险

$25 美元护发/化妆品

$120 省下买新车

$45 圣诞费用

$550 储蓄金（这样朱莉在我们的第一个孩子出生后成为了全职妈妈，我就可以完成学业了）

你实际的预算可能看起来和我们的很不一样，但同样的原则也适用于你。看看你今天手头的钱，然后决定你想要这些钱为你做什么。这是“你需要一套预算”（YNAB）的第一条规则——给每一块钱一份工作（如果你已经开始考虑你尚未拥有的钱，请记住，重大转变只关注你今天所拥有的东西。放手试试吧）。

假设你的活期存款里有 400 美元。你知道在下一笔钱入账前，你有 50 美元的手机账单和 100 美元的有线电视账单要支付，所以你要把这些钱专门划拨出来。你还计划为你刚开始约会的女友伊芙琳做晚餐，但你的冰箱里面只有六个鸡蛋和一个椰子。你计划为晚餐原料和一束鲜花花费100美元。你还剩150美元，这太好了。因为你明天晚上要去参加你哥哥的生日聚会。你认为还不错，目前你的账户余额看起来很好，除了你冰箱里真的只有六个鸡蛋和一个椰子。你需要给自己买些食物。你会把剩下的钱分别花在食品杂货（100美元）和外出（50美元）上，你意识到你没有为偿还信用卡这个目标分配任何资金，而账单下周就到期了。因此如果你想在本月跟上你债务的脚步，你必须从这400美元中分配出钱。

哎呀，突然觉得钱有点少了。不要担心，也不要放弃预算——这种稀缺的感觉是件好事。这意味着你看到了，你的钱真正价值：有限的资源——这是我谈到的心态转变的一个重要部分。我们有多少钱并不重要，稀缺性就是希望拥有更多的东西。这是一个很重要的时刻。稀缺的感觉可能会诱使我们放弃预算，但当我们退让一步，接受稀缺时，我们会做出正确的决定。当我们意识到我们的钱是有限的，我们就会更有意识地去花它们。稀缺性促使我们对自己的优先事项认识得更具体，认识到什么才是最重要的。这将有助于改善你的财务状况。在此方面，我已经走在前列了。

挑战开始：似乎所有争夺那400美元的东西对你来说都是头等大事。你想通过好厨艺来表达你对伊芙琳的爱。你根本不可能取消晚餐。和家人在一起是最重要的，你从不错过你哥哥的生日。在这个月的剩余时间里你会绝食吗（真的，不要尝试）？而你去年决定在自己结婚前真的想要摆脱债务困扰。那时你甚至没有女朋友——像伊芙琳这样的女孩只是一个梦想。不要犯傻了！该怎么办？

钱是稀缺的，但你知道，如果你非常在意自己的支出，你可以把这400美元花在每一项最重要的事情上。于是，你和伊芙琳一起修改了晚餐菜单，把海鲜、牛排换成烤鸡，然后给自己买点食品日杂。在你离开家之前，你还要决定为你哥哥的生日花多少钱。你很乐意坚持自己的生日礼物预算，因为你知道这一项花更多的钱会让你错过对你来说很重要的信用卡还款目标。这些改变将为你的债务偿还目标腾出150美元。成功！以下是资金分配图：

| **$400 分配方案一：** | **$400 分配方案二：** |
| --- | --- |
| $50 手机费 | $50 手机费 |
| $100 有线电视费 | $100 有线电视费 |
| $100 晚餐约会 | $35 晚餐约会 |
| $100 食品日杂 | $35 食品日杂 |
| $50 外出开支 | $35 外出开支 |
| | $150 债务支付 |

如果你没有做预算，那400美元的账户余额似乎不足以让你支撑到下次发薪。你会盲目地花掉这笔钱，没有意识到，你在去你哥哥聚会路上的打车钱就是你下两周的午餐花销。你也不知道——直到为时已晚——你为给伊芙琳留下深刻印象而买的豪华牛排最终使你无法实现还债的目标。通过有意识地花钱，你设法为你的所有优先事项提供资金，而不产生任何财务问题。

现在你正在用你的钱做真正的决定，你的优先事项正在发挥作用。

## 是预算，还是预测

如果你刚刚起步，预算和预测之间的区别可能看起来很模糊。如果房租两周后才交而下一笔薪水在交房租之前就可以入账，你会根据未来的存款来预测吗？完全没必要，手里有了钱再为房租做预算吧。

如果你没有足够的预算资金来安排这个月剩下的时间，那就根据事情的重要性和顺序来安排吧！所以，如果你有 200 美元，你先做好购买食物的预算，再去预算两周后到期的房租。下一笔薪水一到，就马上付房租和其他必需品。如果这让你很紧张和焦虑，你就会变得有创造力。你需要更多的钱，所以你削减开支，你想办法挣钱，那才是你真正掌控局面的时候。

也就是说，这四条规则的目标是让你永远不要仅想着付账单日和领薪水日中间差几天，这可能让你觉得不可能，但你可以做到。只要关注你的优先事项——继续往下阅读吧。

## 用你的预算来书写你的未来

正如我之前所说，展望未来并没有什么错。YNAB[①] 的第二条规则：接受你真实的支出，这是关于预测未来的支出，这对于收入波动的人来说尤其重要。只是不要把预算和预测混为一谈——一种是真实的生活计划，另一种是建立在假设和可能的基础

---

① 译者注：这里及以下文章，将用“你需要一套预算”的英文首字母缩写 YNAB 来表示。

上的一系列猜测。预测是指你对自己没到手的钱进行“预算”，假装你知道三个月后你的开销是多少。你知道这可能行不通，在你执行虚拟金额之后，你也不会感觉好很多。预算让你优先考虑你拥有的钱，让你感到自信，因为你知道它是百分之百基于现实。

别担心，“基于现实”并不是忍痛割爱的代名词。事实恰恰相反。做预算可以帮助你看清你的钱真正花在了哪里，这样如果钱没有花在你想花的地方，你就可以重新安排。所以如果你想去巴黎，那就去巴黎吧！如果你真的想买一幢海滨别墅，那就买一幢吧！但实际上要为这些事情做预算，这样你就能很快为你的梦想提供资金——不要只是希望有一天你能负担得起，因为岁月易老，金钱易失。

当他们在 2015 年 1 月开始预算时，菲尔和亚历克西斯将他们“有朝一日的梦想”变为现实。亚历克西斯打算在那年春天辞掉工作，成为一名自由网页设计师，花更多的时间陪伴他们 3 岁的儿子杰克。我喜欢他们的故事，因为它准确地展示了预算如何在当下帮助他们，并帮助他们充满自信地展望未来。在亚历克西斯鼓起勇气辞去朝九晚五的工作之前，她想弄清楚这 2 万美元的“自由职业基金”（他们花了两年时间才攒下）能维持他们在波士顿郊区的生活多久。目标是他们的储蓄能够支付所有费用，因为他们不想假设菲尔（他是广告公司的设计师）可以一直有薪水拿。随着亚历克西斯辞职，如果菲尔的收入在一波裁员浪潮中突然消失，他们将遭受经济损失。

他们到目前为止还没有制定预算，但在经历两年的储蓄计划之后，他们对自己的消费模式有了很好的认识。因此，他们把固定的开支和必需品编入预算，加上其他对他们来说很重要的额外支出：每周的晚上约会、度假基金、幼儿音乐课程，以及一些杂七杂八、让日子留有余地的开支。其他的新开支也在计划之中：杰克的学前教育学费和新炉子的月供，因为他们家的老炉子上个月“阵亡”了。

当菲尔和亚历克西斯看到他们 2 万美元的“自由职业基金”只够支付三个月的开支时，他们的心都凉了。他们非常希望无论发生什么事情，都能撑住接下来的六个月，这样他们才安心。这将给亚历克西斯足够的时间来建立客户基础，也可让他们把菲尔的薪水存起来，为未来的几个月提供资金。

他们知道有些事情必须改变，他们愿意调整自己的生活方式，这样他们才能让亚历克西斯成为自由职业者。对他们来说，作为父母在家里有一个不受约束的办公室是头等大事。他们需要灵活性，这样亚历克西斯可以在秋季入学时接送杰克上下学。她也希望能有更多的时间和杰克在一起，而不是被困在办公室里。在此之前，他们很幸运，有杰克姥爷姥姥免费全程照看杰克。学前教育费是一大笔开销，当亚历克西斯辞职不挣钱后，教育费将直接压垮他们的预算，但他们决心让亚历克西斯成为自由职业者。

因此，他们重新审视了预算，认真考虑了自己的优先事项，并在几分钟内削减了每月 870 美元的开支：外出就餐减少了 250 美元，雇用保姆减少了 150 美元。他们仍会有晚间约会，但他们决定每个月有两个周五约会——在杰克上床睡觉后在家做一顿特别的晚餐。他们并不介意将 150 美元的有线电视消费降至 80 美元，因为他们很少看这些额外的频道（节省 70 美元）。虽然他们为每月能向杰克的大学基金投入400美元而感到自豪，但他们一致认为，在家庭经济状况好转之前，暂时冻结这些款项是值得的。

在扣除这些费用后，他们还每月增加150美元，开始为地下室维修费攒钱。他们注意到在上次大暴雨中，水从地基的裂缝中涌了出来，他们被告知需要在今年之内修补好。他们害怕如果再来一场大风暴，就要加紧修理了。他们不喜欢在预算中增加开支，尤其是现在，但如果出了意外需要承担全部费用，情况会更糟。分期储蓄是一种很大的减压方式。

如果他们想在整整六个月里只花费2.5万美元，他们还有很多工作要做，但情况开始好转。他们可以找到实现目标的方法。

这看起来很像预测，但有一个关键的区别：亚历克西斯和菲尔的计划只是基于他们已经拥有的2万美元。他们没有玩弄模糊的数字——他们根据自己的轻重缓急，为银行账户里的实际现金设定了一个具体的计划。一旦他们意识到他们的钱需要做什么，他们才能过上自己想要的生活，这些改变并不像他们想象的那么困难。知道在接下来的6个月里，他们有足够的食物吃，这比经常外出吃晚餐更重要。他们还房屋贷款，感觉比在6个不同的MTV频道上花钱要好得多。预算帮助他们清晰地关注他们的优先事项，而这些优先事项现在驱动着他们的每一个支出决策。

## 明确何时去倾听你的内疚感

“用你的钱做任何事情”的想法会让一些人不舒服。如果我们担心我们选择的优先事项可能不是我们的钱的最佳用途，那么内疚就会迅速蔓延。当你想像一个“聪明”的人一样，可能会用这笔钱，比如说，投资股市时，你怎么能证明你在梦想的壁炉上存了（然后又花了）几千英镑，或者在迪斯尼玩了一周是正确选择？生活琐事也不能幸免。你真的应该每月在足疗或与朋友共进午餐上花钱吗？视情况而定。

如果内疚困扰着你，通常是因为：

1. 你内心知道，更重要的事情需要更多的关注；

2. 你让别人对“你应该如何生活”的期望影响了你的选择。

这就是预算和自我反省快速相交的地方。预算最终甚至变成了自我反省。这就是为什么我要用下一章来帮助你发现你的优先事项。你不会对自己的理财决定感到自信，除非你深入思考什么才是对你真正重要的。让内心的批评家安静下来，做一些让你开心的事情，是需要付出努力的。但是，一旦你找到勇气去做，你就再也不想回去了。

## 这就是当你过着你想要的生活时发生的事情

当你开始遵循 YNAB 的四条规则时，有趣的事情就发生了。你所拥有的每一美元都拥有微小的力量。你感觉自己完全掌控着自己的金钱和生活。

拿铁不再仅仅是拿铁。这是财务自由（在这里和我在一起——确实如此）。

当你在预算上花钱的时候，那杯拿铁是你决定买的，因为你想要，因为你可以，没有内疚感。如果你在存钱（或者更确切地说，是克制自己不买东西），你也可以毫无遗憾地不买咖啡，而不仅仅是出于“拿铁是如此昂贵”这个理由而节省。

当你问：“我要这些钱给我做什么？”你在决定如何使用你的钱来接近你想要的生活。如果出去喝咖啡给你的一天带来了某种你不想失去的快乐，在你的预算中建立一个买咖啡项，当你买咖啡的时候不要感觉不舒服！只要确保咖啡真的能帮助你更接近你的目标。也许是因为你觉得和同事相处的几分钟时间对你很重要，或者从忙碌的一天中抽出 15 分钟来享受你喜欢的东西对你来说意义重大。

一旦你的目标确定了，他们就会支持你的每一次消费行动。如果你已经决定拥有 2 万美元的应急基金会让你安心，并且你想在达到目标之前每月存 1000 美元，你会很乐意调整你的消费行为来实现它。也许你不再买拿铁咖啡是存钱的一种方式，但如果你喜欢拿铁，那就不必了。

当然，为你的钱制定一个计划远重要于为你的咖啡做的固定投资。它能让你在资金不足之前就控制住你的资金——不然等资金不足时（拮据）就会有机会控制你。这就是规则二背后的驱动力：接受你真实的支出。通过将大的、不常见的费用分解成小的、经常发生的消费项目，你就可以摆脱那些往往会让我们措手不及的“意外”账单。突然之间，你会发现他们不再是意外状况。

预算让菲尔和亚历克西斯开始过上“亚历克西斯的无办公室生活”。通过更加用心对待每一笔离开账户（或没有离开账户）的钱，相比在原来的消费习惯下，他们现在能够将自己的“自由职业基金”更多使用几个月。而且，由于亚历克西斯不再为他们的生活发愁，她的头脑变得清晰起来，可以把更多的精力投入到建立客户基础上。这意味着她甚至不需要依赖他们的“自由职业基金”生活很长时间。

如果你不做计划，你就会把钱投到你眼前的东西上——不管这些东西是账单还是欲望——然后只希望尘埃落定后你能剩下一些。另一方面，通过预算，你要在支出决策发生之前就把它们列出来。你可以为“计划外”的事情做筹划，即使“计划外”只是为了好玩。例如，冲动购物通常会得到不好的评价，但他们为什么要这样做呢？也许偶尔的清仓大甩卖给你带来了刺激，而你担心预算意味着你再也不能在午餐休息时间去逛 Anthropologie[①] 品牌特卖会了。好吧，如果你已经满足了所有的必需品，而且还有剩余的钱，为什么不每个月都为冲动购物做些预算呢？作为奖励，你不会因为花钱而感到内疚，因为它的实际目的是为你的购物之旅提供资金。*这就是为什么它存在着！*如果这个月你的“冲动购物”类别里没有任何东西，你就会知道这是因为你故意把钱花在别的事情上——一个对你来说更重要的不同的优先事项。一切尽在掌握。

当你决定你的钱能为你做什么时，你不再会想：“我能负担得起吗？”这是个好问题——你确实需要在使用之前确保你有现金——但更重要的问题是，这是否让你更接近你的目标？当这是引导你的金钱决策的过滤器时，每一美元就会变得更加强大。

## 为财务自由做好准备

你这种崭新的“YNAB 预算资金”心态有很多好处。预算和

---

① Anthropologie 是 Urban Outfitters 旗下的美国一个休闲风格的高端品牌，成立于 1992 年。

实现目标带来的兴奋很少会消退。每一次我们为自己的钱制定一个计划并坚持下去，或者我们围绕着意想不到的事情忙碌时，我们都觉得很神奇。这是因为在压力消失之前，我们大多数人都没有意识到我们对金钱的压力有多大。

随着焦虑的减少，一种更好的东西取而代之：平和。想象一下，当账单到来的那一刻，你的钱已经在那里准备好了（就我个人而言，当我回到家，看到一堆可以当场支付的账单时，我会感到有点兴奋）。想象一下，购物时没有愧疚感，存钱不再是苦差事，感觉自己可以随心所欲地过自己喜欢的生活。当你有办法让你的疯狂梦想成真时，你的疯狂梦想突然就不那么疯狂了。

对我来说，这就是财务自由。这是一种不用担心钱的方法，即使你没有成堆的钱。你不必成为唐老鸭（Scrooge McDuck）①，游过一池金币，才能体验财务自由（但如果这是你的目标，嘿，去做吧）。你只需要为你的钱做一个计划，这样它就能做你想做的事情。

**用一句话概括你新的金钱观念：**

忘记未来的钱；用今天的资金书写你的未来。

① 唐老鸭（史高治·麦克老鸭 Scrooge McDuck）是迪斯尼创作的经典动画角色之一。他是一只鸭子，有橙黄色的嘴、脚和蹼，最早出现于1947年12月发布的《四色漫画》（Four Color Comics）第178期的《熊山上的圣诞节》（Christmas on Bear Mountain）中。在故事里，唐老鸭被塑造成全世界最富有的鸭子，然而他仍不断去扩充自己的财富，而且十分不爱花钱，爱钱如命，但也很注重亲情。

# 第二章

# 第一条规则：给每一块钱一份工作

规则一：给每一块钱一份工作听起来很简单，的确如此。只要检查一下你的银行账户余额，然后把工作分配给你所拥有的每一块钱。从你开始做这件事的那一刻起，你就开始为你的预算做准备了。对于你分配的每一项“工作”，你都在回答这样一个问题：我希望我的钱能为我做什么？

然而，在你开始挥霍你的金钱之前，你必须决定需要做什么。你实际上是在为你的钱写一份待办事项清单。如果你从来没有用你的钱做过如此积极的事情，你会很快看到它如何改变你对你所持有的每一美元的看法。

从你的生存开始谋划。我知道，我说过我不会告诉你如何处理你的钱，但我要打破我自己的规则，如果你的基本生活需求并不是你的首要任务，你应该改变你的计划。如果你不知道是哪些基础要素使你成为社会的一员，那么使用预算规划生活将是痴人说梦。

写下你的钱需要去的地方，着重关注维持生活正常运转的日常债务。例如，食物和住房开支、贷款、学费，以及任何必要的工作费用（例如，在家工作的话，上网费用、通勤费用等等）。YNAB 理论使用者莉娅和亚当把这些分类作为他们的生活核心债务：

第一条规则迅速地涉及到个人问题。我们都需要从日常生计开始，但这些生活因人而异。也许你的贷款还清了，你步行去上班。你的生活负债看起来已经和莉娅、亚当不同了。

| | |
|---|---|
| 房租 | 汽车 |
| 天然气费 | 汽油费 |
| 电费 | 汽车修理费 |
| 上网费 | 汽车保险 |
| 电话费 | 人寿保险 |
| 杂货/洗漱用品 | 学生贷款偿还 |
| 婚礼债务 | |

一旦你有了优先事项清单，就开始给钱分配工作。从今天开始，无论你的银行账户里有多少钱，问问自己：我需要这笔钱做什么才能坚持到下次发薪，我的房租或房贷本周到期吗，信用卡账单呢，学校的学费呢……

再说一遍，在你做其他事情之前，先为你的生活负债提供资金。如果你正在制定你的第一份预算，甚至不要考虑为其他支出分配资金——时机未到。只要确保你冰箱里食物充足，头上有片瓦可以挡风避雨，讨债公司不再上门。当你的基本生活有保障以后，为其他事情做计划将会变得更加有趣（除非你想体验突然断电带来的兴奋感——我在大学里就认识一个这样的人）。

生活负债资金配置完后，你的其他优先事项将会登场。这就是预算令人兴奋的地方。你会很快从支付账单跳到为你想要的生活制定计划。你将不再只是一时兴起而消费或储蓄。你会用心去做，你会确保对你最重要的事情能优先得到资金。

## 挑战每一个假设

当你考虑你的生活负债时，你可以比你意识到的，更多地控制这些费用。有些事情，例如偿还账单，只能按部就班，但是你可以自由发挥些创造性来设计你的开支，使其符合你想要的生活方式。

首先，确保你诚实地把生活负债和伪装成必需品的习惯区分开来。有时很难区分这两者。只要记住，你的习惯在紧要关头是可以妥协的——你的负债不是。如果你真的需要的话，你可以想出另一个购买午餐的计划。但显而易见，支付房租或还房贷并没有商量余地，除非你和父母住在一起。这不是什么不好意思的事情。

我们可能会陷入这样的陷阱：认为某些开支就应如此——但事实并非如此。你几乎总能做些什么来缩减开支。这就是挑战，每一个假设都能对你的预算产生重大影响。这也是考虑某些变化如何改善您的生活质量的好时机——毕竟，你的预算是为了让生活变得更好。

你的车是生活负债吗？也许现在是，因为你需要开车去上班，而公共交通工具不是你的选择。但你能换个骑车或者步行就能上班的工作吗？或者你能搬到一个更小，更便宜，也更能节省制冷费和暖气费的房子里去吗？如果你有两辆车，一辆能凑合着用吗？考虑如此大的变化可能听起来很疯狂，但也许不疯狂。这取决于你对美好生活的看法。

在我们的第六个孩子费伊出生后不久，朱莉和我就把家搬到了一个小一点儿的房子里。在购买我们的第一个房子时，我们确信我们需要一个大餐厅，因为我们喜欢娱乐。事实证明，至少在犹他州，有着大餐厅的屋子通常也有着更多卧室和巨大的起居室。我们第一个房子有很多值得爱的地方——有趣的邻居，生活便利——但我们意识到我们不需要那么多房间。派对期间，每个人都挤进厨房。目前我们的孩子们喜欢通过共用卧室来陪伴彼此（当他们十几岁的时候再问问他们，到时他们自会解决）。我们缩减了房屋面积，但是新房子带来了其他对我们来说很重要的无形资产：交通量减少，更多的隐私，以及犹他州山谷的壮丽景色。降低成本，提高生活质量对我们来说是一个巨大的胜利。

挑战你的假设并不一定意味着巨大的生活变化。即使是最小的努力也能在不影响你的日常生活的前提下为你省钱。看看你的账单。也许你的手机是一种生活负债，因为你工作需要它，但你能换一种更便宜的套餐吗？也许你可以，只要你确定在你回家的时候连上 Wi- Fi（无线宽带）而别继续用流量。此外，在将某些账单与其他优先事项进行分组时也要小心。奈飞频道[①]、葫芦频道[②]和有线电视这些你都需要吗？也许不需要，但如果你把它们都放在电视费里，就很容易忽略这些额外花销。

这不是剥夺你自己的权利，关键是要质疑你对你所承担的生活债务的习惯性反应。后退一步，这样你就可以清楚地看到它们了。你可能会发现你需要支付的费用和你实际支付的费用是一样

① 奈飞频道，Netflix（Nasdaq NFLX）成立于 1997 年，是一家在线影片租赁提供商，主要提供 Netflix 超大数量的 DVD 并免费递送，总部位于美国加利福尼亚州洛斯盖图。

② 葫芦频道，Hulu 是美国的一个视频网站。该网站由美国国家广播环球公司（NBC Universal）和福克斯公司在 2007 年 3 月共同注册成立。

的。但你经常会惊讶地发现，到底有多少花销是灵活可变的。

试着让生活压力成为你的晴雨表。如果你为高额账单而倍感压力，那就想办法缩减开支，直到在你的收入和支出之间找到一个合适的平衡点，但这需要持续观察——很可能过于深入了。如果你从来没有因为花钱而感到被压榨的程度，那也同样具有压力。找到你的压力最佳点需要时间，甚至可能会改变你的生活方式。试着保持你的压力水平，你的钱有多少是你真正想要它们为你做的，并相应地调整。

## 下章剧透：接受你真实的支出

我们在谈论生活负债时会涉及到 YNAB 第二条规则：接受你真实的开支。在第三章将深入探讨第二条规则。就目前而言，你的生活债务已经超过了每月的账单和生活必需品消费——认识到这一点对我和朱莉来说很关键，对你也是如此。在你为其他优先事项预留资金之前，重要的是要冻结一些资金，以备长期之需。想想每六个月出现一次的汽车保险账单，或者每三个月出现一次的水费账单——每当你认为自己付完全部账单的时候，总出乎意料地冒出来。

第二条规则会提示你把那些较大的费用按月分期支付，这样你就可以在它们来的时候准备好支付。当你这样做的时候，大额花销并不会让你感觉有那么多，你也不会措手不及。因为让我们面对现实吧：你知道你的汽车保险账单什么时候到期，你只是不去想它，直到它出现在你面前，而且它总是在资金紧张的时候出现。

我们称这些为你的“真实的支出”，因为它们包含了维持你生活所需的所有花费。在列出这张清单的时候，不要只考虑常规账单，而要考虑汽车保险和房屋维护费用，或者看医生的费用。这些通常是让人们相信预算不会起作用的费用。他们会想：“我不知道一件事要花多少钱，也不知道什么时候会发生，我怎么能为它做预算呢？”没错，你不会知道详情，但你知道这些迟早会发生，而且你知道它们绝对不是免费的。每个月固定存些钱，当遇到困难时就不会觉得是个危机了。所以，当你四岁的孩子在一个周日的晚上摔倒，嘴唇裂开时，300 美元的急诊费就不会减少你为秋日赏红叶之旅预留的钱。而且你不需要用信用卡来结账，并承诺以后会解决这笔账单。你已经为医疗账单预留了一笔钱，这是必不可少的，即使它们不是稳定的每月费用——你已有准备。

## 优先考虑你的重点

如果你从未自信地负担起你的生活债务，那么通过上面的方式做到这一点会让你感觉很棒。但你才刚刚开始，一旦你的基本生活需求被解决，你才可以开始考虑你的最高需求。你仍然会问：我希望我的钱能为我做什么？只是现在你已经脱离了生存模式，设定目标去设计你想要的生活。

如果你为生活必要开销全部买单后没有剩下钱，请不要过多担心。这在很多方面都是件好事。首先，你的钱不再是一个黑匣子。你知道自己是否量入为出，你可以据此做出明智的支出决定。你对于“我能负担得起吗？”这个问题的答案将不再会是一个谜，即使你可能不喜欢这个答案。你会被诱惑回到以前幸福而无知的状态，但坚持下去。你只需要知道自己当前的状态就能取得进步，做预算就能让你更接近自己的目标。

写下你的品质生活目标，即使你现在没有钱分配给它们。你很快就会做到，你可以把这些美元完全按照你想要的方式运作。

记住：在你的全部生活必要开销都已解决后，你可以用你的钱做任何你想做的事情，任何你想要的！没有压力，对吧？有趣的是，我们可以随心所欲地花钱，但我们就可能疏于为钱制定一个有意义的计划。如果我们忙得不可开交，我们会订个外卖。如果 Anthropologie 在打折促销，我们认为如果现在不花 30 美元买原价 100 美元的衬衫，那就是疯了。决定把钱是还清信用卡还是存一笔钱应急？两难取舍啊！

并不是每个人都会遇到这种情况，但人们常常会纠结于如何着眼全局来规划优先事项。如果你迷失了方向，从你的情绪中寻找线索。为某些东西付钱——或者不付钱——会让你有什么感觉？别担心，我不会让你躺在治疗师的沙发上“谈你的感受”，但值得关注的是你对金钱的情感反应。它们是你优先考虑的重要指标。

对莉娅和亚当来说，偿清他们的婚礼债务是如此的紧迫，以至于他们把它列在了“生活必要开支清单”上。实际上，他们是对的——他们确实有义务每月向信用卡公司偿还最低还款额。但对他们来说更重要的是，看到一万美元的未偿还金额，莉娅喉咙发紧，亚当夜不能寐，时刻想着他们是否能在第一个孩子出生之前还清此债务。事后看来，他们希望自己选择一个更节俭的婚礼，但当年他们年轻疯狂（比开始做预算的时候年轻整整一年！），而且他们被豪车、生蚝、美酒冲昏了头脑。他们很喜欢他们的婚礼，但那笔挥之不去的账单所带来的影响简直让他们感到恶心。对他们来说，还清债务是头等大事。

像莉娅和亚当的婚礼债务是显而易见的压力来源，如果你背负着消费贷款，你可能会有同样的感觉。在接下来的章节中，我有很多关于债务的内容要讲，但现在就从你的情绪来考虑吧！想象一下如果你每个月都把一大笔钱花在你的债务上，你会有什么感觉。这感觉是一种成就吗？你在努力减轻肩上的负担？或者你会因为你的债务吞噬了你大部分的薪水而感到压力？

也许你讨厌你的债务，但你也讨厌需要等还完贷款才能为孩子上大学攒学费的感觉。这种内心的冲突可以揭示你的答案：两者都存一点。我个人不相信为上大学攒钱（以后再详述）后就没钱还贷款了。假使是我自己的抵押贷款，我优先考虑以“光速”偿还完。这两种方法不分伯仲，选择最适合你的那一种。

还要记住，预算不仅仅是解决你的负担。更大的目标是帮助你过上你想要的生活，所以优先考虑那些能给你带来快乐和内心平静的事情。什么会让你觉得你过着充实快乐的生活？你想去旅行吗？花时间和家人在一起？把你的家弄整洁？或者也许你对和平和幸福的想法只是知道你可以每周出去吃一次晚餐，没有花钱的罪恶感。花点时间想想是什么让你快乐，然后把这些东西加到你的预算中去——即使它们现在只是一行雄心勃勃的文字，并没有资金支持。

## 优先攻击

这儿有一个可能的情况：你已经为你的生活必要开销提供了

资金，并且很高兴看到你的银行账户里多了一些钱。如果你现在还没有达到这个情况，你会在实施几个月的预算后达到。

幸福时刻！你终于可以开始把钱花在你想做的事情上了。你想做的事情太多了。也许你非常想换掉后院的旧篱笆，搭个秋千。你希望你的院子能成为你的孩子们和他们的朋友们玩耍的好地方。但你也一直想带他们去旅行。你喜欢你的小镇，但你想要你的孩子知道有整个世界等待着去被发现。

该怎么办？

你是应该把钱花在院子里，还是去旅行？

你能同时负担得起这些东西吗？也许“额外”的钱实际上并不是多余的，因为你应该把这些钱用于退休金储蓄或者其他你可能忘记的事情上。

有时候，仅仅弄清楚你的优先事项就会让你不堪重负，尤其是当你在这方面还是新手的时候。好消息是你给出的答案不会是错误的，但你仍然需要去做出决定。

如果你在几个选择之间挣扎，请停下来做一些深度优先排序。对你来说什么更重要？眼界经历吗？去度假吧。房屋坚固性？去升级院子。储蓄账户余额增加？存一些美元进去。

也许你还在耸肩。要把你自己和此时此地分离是很困难的。所以试着这样做：想象未来的你已经完成了清单上的每一件事。哪个感觉更好？看到孩子们和他们的朋友在院子里玩耍？一家人一起骑车穿越阿姆斯特丹？资助孩子们上大学吗？或者想象未来的你向好朋友解释为什么你选择了其中一个目标而不是另一个。这感觉对吗？

如果你仍然不确定，那就接受这个事实吧。这是一个很好的题目并且以后将变得更容易些。预算和优先排序就像锻炼肌肉一样，你做得越多，你就会做得越好。

你也会因为你的储蓄和消费能力而给自己留下深刻的印象，这样你就能更快地得到你想要的东西。曾经看似黑白分明的决定，现在却成了一个谜。如果你的优先级清单显示了一个丰厚的大学储蓄账户，一个让人愉悦的院子和家庭旅行对你同样重要，你会找到一个方法让每一件事情都发生——也许比你想象的要快。也许你可以自己动手做一套秋千，或者是在网上淘一套二手秋千，在旅行网站上查查旅游攻略，预订一趟更便宜的旅行。省下来的资金直接存入大学准备金账户。

最好的是，这不会是你最后一次有多余的钱。你的预算越好，你就会发现自己手头有更多的钱。你会越来越清楚你想要它为你做什么。

## 处理债务

关于债务，我有很多话要说，但化繁为简。我可以用三个字来概括你所需要知道的一切：

摆脱它。

我说的主要是消费债务，原因如下：一旦你开始做预算，把精力集中在你的优先事项上，你就在朝着你现在和未来的目标前进。你已经明确了对你来说最重要的事情，你正在制定一个计划去实现它们。太棒了！

可是等等。如果你有债务，你的一大笔钱已经被占用，用于还债了。这意味着你的债务实际上是在窃取你为当前优先事项提供资金的能力。

糟糕的是，对我们大多数人来说，消费债务是由一系列我们漫不经心的购买行为所导致的结果。虽然不是所有的事情都是这样的——有时候生活妨碍了我们，例如出现了医疗紧急情况，或者其他一些不可避免的、必要的费用让我们负债。但很多时候，信用卡账单是由购买那些对我们意义不大的东西而构成的。那是一顿顿我们不记得吃了什么的午餐，我们从未穿过的新衬衫，看了我们不喜欢的电影。它使我们无法达到我们今天为自己设定的目标。

现在，就像预算中的所有内容一样，你的优先事项将影响你偿还债务的速度。如果你不介意慢慢地（非常缓慢地）削减债务，你可以只偿还这些不可转让债务的最低还款额，然后周而复始。我厌恶有债务，所以我会尽快还清任何债务——好吧，是强制性的。

我不会告诉你要去疯狂地偿还你的消费债务。这真的取决于你（如果那些疯狂的利率没有点燃你的怒火，我什么也不会说）。但是要记住，你越纠结于过去的决定，你就越不可能把今天的事情放在首位。把过去抛诸脑后的唯一方法就是消除这些债务。

## 你是唯一能做出这些决定的人

在大多数个人理财书籍中，作者都会告诉你如何使用你的钱：首先以最高的效率去还清你的信用卡，投资某种指数基金，无论如何都要为退休储蓄，在你还清债务之前不要去度假。

很多人让我告诉他们该怎么做。谁能怪他们呢？有了说明书生活会容易得多，这是真的，但我做不到。这其中有一部分是你需要自己解决的。好吧，我确实在一页之前对偿还债务有过大肆宣传，但这就是我要做的。你是唯一一个知道什么适合你的人，这取决于你的优先级和情况。我保证，一旦你做了一些内心的挖掘，你自己做出的决定将比我给你的任何一步一步的指示更有力量。这使得该计划成为一个新的类型，更容易坚持下去。

我对基于百分比的财务建议特别谨慎：住房应该是你收入的 X%，食物应该是 Y%，退休储蓄应该是 Z%。仅仅是地理因素就使得这些概括性的说法毫无用处（例如三线城市房租 VS 北上广深房租）。人们也看不到如此多相连的生活选择。也许你花在房租上的钱超过了“推荐比例”，但你也没有自己的车，你骑自行车去上班。汽车保险、汽车贷款、燃料和健身会员资格在你的预算中没有一席之地。这只是千篇一律的建议，收效甚微。

当然，我总是告诉你首先要为你的债务提供资金。我对债务之类的事情有很多的看法。这四条规则适用于任何金融状况，但从下周三开始，他们不会告诉你应如何处理每周薪水的 20%。细节由你决定，你想要什么样的生活？

在列出了他们的义务，包括尽快偿还婚礼债务之后，莉娅和亚当决定把这些作为他们的首要任务：

**旅行**：莉娅来自纽约，亚当来自澳大利亚。他们是在旅途中相遇的，他们知道旅行将是他们生活中很重要的一部分。至少，他们决定每年必须有 3000 美元，回墨尔本探望亚当的家人。他和他的父母、兄弟姐妹关系很好，一想到没有回家探亲，他就很痛苦。照顾家庭也是莉娅的首要任务，她依靠这些拜访与她的姻亲建立联系。他们希望把更多的钱存起来，这样他们就可以每年去一个新的国家旅游，但是每年必备的墨尔本回家之旅让这个愿望难以达成。

**健康/运动**：这包括健身房会员资格，亚当每隔几个月购买一双新跑鞋的费用，以及其他与健身相关的费用。他们认为这些是必须的，因为他们很重视自己的健康。亚当也在为马拉松训练，他们都认为这是一个值得投资的重要目标。

**应急资金呢？**关于预算的讨论往往以讨论应急资金而告终——但是把钱存起来只是成功的一半。你所有的钱都需要工作。如果他们失去工作，莉娅是否安心与手头有没有足够的钱来支付他们六个月的费用有关。亚当并不那么担心，但他知道，如果没有这些积蓄，莉娅的压力会很大。这笔钱，大多数人会称之为“应急基金”，但我们在 YNAB 体系里并不这么看。相反，这是一份需要花钱的特定工作，就像这个月的日用杂货或约会之夜一样（我们也把它看作是让你的钱“变老”的方法——是的，这是第四条规则——但我将在第五章详细介绍这个想法）。就目前而言，知道莉娅和亚当将为未来几个月储备资金作为首要任务就足够了，他们的目标是手头上有足够的资金来应付未来六个月的开支。

**房屋首付款**：这个目标让婚礼债务偿还看起来特别困难。直到婚礼结束，莉娅和亚当才意识到他们多么想要一所房子，于是他们开始想象着未来和孩子们的日常生活。谢天谢地，他们一居室公寓的租金低于市场价，所以他们感觉还不错，但他们渴望在孩子和混乱到来之前拥有一个带门廊和后院的房子。

莉娅和亚当的预算还包括以下灵活目标。他们会在需要的时候紧缩开支，直到他们更优先考虑的问题得到解决：

**生日/假期：**莉娅和亚当每个月都会藏一些礼物，以便为特殊场合做准备（下一章将详细介绍这一策略）。由于这项支出是可以取舍的，除非十分必要，这是他们跳过的第一个类别之一。

**餐厅/外出：**这是一个相对不重要的需求。比起外卖寿司，他们更关心的是为墨尔本之行提供资金和偿还婚礼债务。他们喜欢和朋友出去玩，但他们宁愿冲浪或徒步旅行也不愿去酒吧，所以他们的大部分乐趣是免费的。当优先事项需要资金时，他们完全免去外出就餐，去寻找其他乐趣。

**零花钱：**他们每个人都有一些钱花在自己身上，没有任何问题。我向每个人推荐这个类别（关于这个在后面的章节里有更多介绍）。它让你感觉自在，让你在不超出预算的情况下，不内疚地沉溺于小事情上。

**服装：**这是另一个他们投入几百美元的类别，然后忘记，直到钱被花光。如果有紧急需求，他们可以很容易地从服装或相似类别的任何一个项目中提取资金来实现更重要的目标。

莉娅和亚当离成为无负债的环球旅行者还有很长的路要走，但现在他们可以看到前面的路了。这是一条百分百适合他们生活方式和优先事项的道路。当他们看到自己的信用卡账单而感到压力时，他们就会振作起来，因为他们知道自己的墨尔本之行将在6月份获得资金。生活并不是完全固步不前的。

其他制定预算的体系可能会告诉他们，当他们的信用卡账单偿还年利率达到15%的时候，他们在旅行上花钱是愚蠢的，或者除非债务还清，他们应该忘记房子这事儿。你已经知道我很想还清债务，但我不提倡牺牲你的（真正的！）幸福来达到这个目标。

莉娅和亚当可能不会坚持很长时间的计划，这将迫使他们忽略其他的优先事项，而对他们来说，这些优先事项会让他们过上美好的生活。你必须做对你有利的事，无论是今天还是未来。听从别人的指示可能很诱人，但他们对你或你的生活一无所知。相信你自己——你有能力找到最适合自己的东西。

## 一种看待你的信用卡的新方法

即使你用信用卡买东西，你也要用第一条规则。那是什么？你认为支付信用卡账单本身就是第一项原则的任务吗？如果你像莉娅和亚当一样有很大的债务，第一条规则会让你分配美元来偿还债务。但你也需要改变信用卡的购买方式，以避免未来的债务，这对每个使用信用卡的人来说都是正确的——不管你是分期还款还是全额支付账单。

别担心，我不会让你剪了你的信用卡。我知道大多数的预算方法都鼓励你把你的信用卡剪了。他们认为，由于利率如此之高，再加上人们总是忍不住花钱，所以信用卡是我们大多数人陷入财务困境的原因。

很公平，但我不同意。这不是信用卡的问题——问题是我们如何使用它们。你可以使用信用卡，只要你用它来花掉你银行账户里已有的钱——你已经预算好的钱。但是，等一等，这和在你账单到期时有钱还全部金额是不一样的。支付账单是一个很好的开始，但是如果你只有钱偿还信用卡最低还款额，那么你仍然有可能入不敷出。

在“你需要一套预算”（YNAB）里我们谈论了很多关于信

用卡账单顺延的事情。如果你选择“顺延”，这意味着你要依靠下个月的收入来支付本月的支出。一般人很难察觉到这种浮动，因为大多数陷入这种循环的人都是那些以每月按时足额支付信用卡账单为荣的人。他们从不支付利息，也不收取任何信用卡提供的奖励，无论是里程、现金返还，还是免费小礼品。如果你是这些人中的一员，你的财务状况比大多数人都要好，但让我们仔细看看这种操作方式通常是如何工作的。

假设你在10月份用信用卡消费了很多钱。本月的账单截止日到10月30日，付款日期是11月30日。与此同时，整个11月你都在继续消费。11月的账单要到12月才需要偿还。

这里有一个测试：当你10月份消费额在11月30日需要偿还时，你能全额还款吗？换句话说，你能支付10月份和11月份两个月的花销吗？或者你会等到12月份拿到工资后再补差额吗？

如果你在银行里没有足够的钱全额偿还，你就是在使用信用卡账单顺延——这可不是一个有趣的游乐园。这个图表（下一页）有助于解释它：

信用卡账单顺延通常没有受到伤害，因为你得到了你的薪水，支付了结余，然后继续前进。但是，如果下一笔薪水不来怎么办？或者是你的账单里出现了一笔大开销？你还能用手头的钱付账吗？

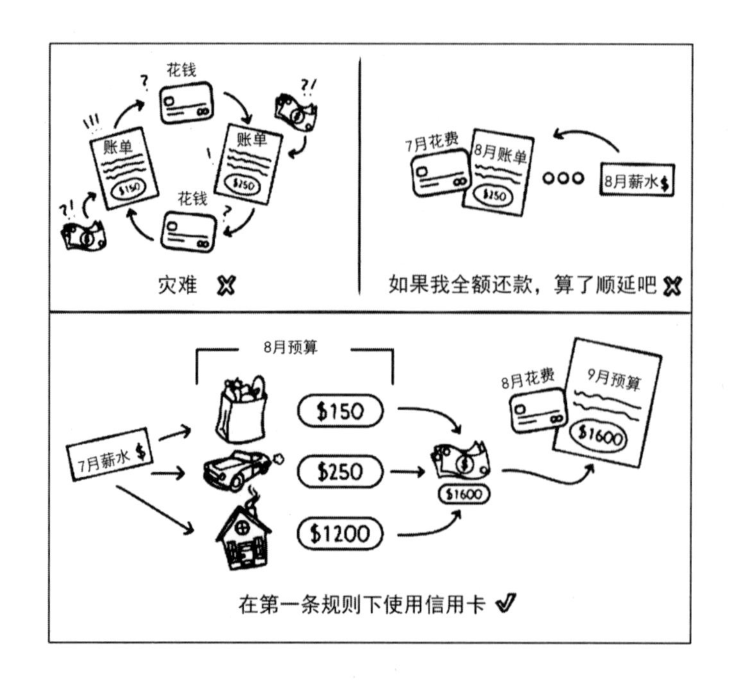


无论你是使用了信用卡债务延后，还是深陷信用卡债务，“你需要一套预算”（YNAB）的信用卡使用策略将使你不会花你尚未到手的钱。方法很简单：只有当钱已经存在银行并且预算需要这笔费用时，才能使用。当你这样做的时候，你使用你的信用卡仅仅是因为你想（啊，还有积分!），而不是因为你不得不用(我可以在我下次发薪时支付账单!)。你实际上就像使用借记卡一样使用它。唯一的区别是，在你还款之前，现金都存在你的银行账户里。你可以在每个月的任何一天还款，因为钱总是在那里。

这种方法还可以确保你的信用卡账单不会增长。你的信用卡偿付将有两部分：你的已有账单偿还加上你这个月的开销。这是你可以继续使用信用卡不陷入更深债务的唯一方法。如果你担心这会让你感到困惑，你可以用一张单独的信用卡来支付你目前的开销。那张卡每个月都会被还清账单。也可以考虑使用现金或借记卡，直到你的信用卡余额偿还完。不要使用任何尚未偿还完的信用卡——只专注于如何偿还账单。

## 赚更多的钱，但要明智地使用

赚更多的钱可以缓解你的财务压力，这似乎是显而易见的——尤其是当你身负债务的时候——但这并不是必然的。这在很大程度上取决于你如何处理额外的收入。如果你通过挥霍（更大的公寓，更大排量的汽车，更多的高清频道，等等）来庆祝你的加薪，你就会回到以前的状态，也许情况更糟。

这就是“生活方式蠕变”的诅咒。也许你以前听过这个短语。生活方式蠕变是指你的生活方式成本与你的收入同步上升。任何收入的增加都将用于支付更高的费用。常见的说法（我们可能都说过这一点）是这样的：“我现在确实赚了不少钱，我对自己的财务状况和以前一样感到压力。”

生活方式蠕变实际上只是你的钱与你的优先事项不一致的表现。是的，一切都回到了优先级。实际上，我认为它更像是优先事项的渗透，而不是生活方式的蠕变。如果你对自己的钱感到不满，即使是在收入增加之后，很可能是因为你的钱并没有用到对你重要的事情上。

那么，如何应对这种生活方式呢？或者，换句话说，我们如何确保我们的钱始终与我们的优先事项保持一致？我推荐两种可以同时使用的策略：

**质疑一切**。每年一次（我喜欢在1月份这样做），质疑你的每一项开支。质疑诸如住房、交通和保险等“既定”的因素；质疑你经常度假，你总是买礼物，以及你经常吃的食物。每一项都应该摆在桌面上。按照这样的策略，对于任何项目反复质询六到七次，将帮助你剥离优先项目的层层外衣，并真正看到它的本质。

这让我想起了我的朋友肖恩。他的家人喜欢看电影。他们喜欢影院的爆米花、氛围、电影、气味、一家人在一起的时光——甚至是黏糊糊的地板。当肖恩谈到这些外出观影的细节时，我看得出他真的很喜欢。这并不是为了改掉一个习惯或便利性。所以，我们多次反问为什么要这样做。事实证明，他的家人喜欢这些外出观影的核心原因是喜欢他们在一起的时间。所以，我帮他制定了策略：有没有一种方法能让他在维持甚至改善一家人在一起的时间的同时优化支出？是的，可以的。

肖恩保留了电影之夜，但他们在家里看电影。他们仍然吃着美味的爆米花——带着黄油味的爆米花在家里四处飘荡，享受着一部很棒的电影，一起度过时光。他说，家庭时间实际上得到了改善。他们会花更多的时间来准备，让电影之夜变得特别。

对于一个大家庭来说，他们每个电影之夜的价格大约是80美元，用于购买电影票和昂贵的爆米花。不过，省钱并不是最重要的部分！因为他们现在已经意识到为什么电影之夜对他们来说很重要，他们正在做一些事情来最大程度地在一起。这才是真正重要的。

所以，他们会质疑一切，哪怕是黄油爆米花也不会放过。

**每一两年再重新开始计划**。关于这点，我在第九章会讲更多，但现在有必要提一下。有时你只需要消耗你的预算。如果您正在使用我们的软件，你可以使用我们内置的“全新开始”功能来完成此任务。如果你正在使用一个电子表格，把它归档并新建一个文档。基于你的银行账户余额，然后慢慢地把你的开支一个一个地加进去。在上面讲的第一个策略中，你考虑的是你可以优化或减去什么，在一个全新的开始中，你问的是你的预算应该包括什么。当你开始时，没有任何开销，每个项目在被添加之前，都必须通过你的审查。从表面上看，这是一个转折，但会带来有趣的效果。通常，当经验丰富的预算制定者在编辑时，他们手里会留有一大笔钱，但这笔钱能被留下仅仅是因为他们长时间编制预算。他们都反馈说，看到自己银行账户里的钱，不得不将其分配给自己的各个优先事项，会让他们感觉这笔金额更大一些。这种做法让他们对自己的支出产生了更深层次的质疑。

把加薪当作改善生活方式的机会是很诱人的，如果这是你真正想要的，那就去争取吧。只是要小心，不要因为钱突然增加而拖欠新的债务。确保你的优先事项总是驱动你的决定。

## “你需要一套预算”（YNAB）优先备忘单

知道应该先做什么并非一件轻而易举的事情，所以在“你需要一套预算”（YNAB）里，我们鼓励遵循第一等级原则：

- **首先要照顾好你眼前的生活**——你的房子，你和你的家人的食物，还有电费和取暖费等账单，如果你不支付这些账单就意味着大事不妙。只需要为这些事准备一些钱，并且知道它就在那里，就会帮助你平安度日，感觉更有保障。

- 然后是**真实的支出**（更多关于内容在第三章）。这些是大额的、不规则的，让你惊掉下巴的费用（你知道那种感觉），但实际上不该如此。

- 现在真正有趣的事情开始了。在你的生活义务得到安置之后，你**最优先考虑**的是什么？家人在一起的时间吗？近乎痴迷的爱好？我不会去评判，但会在接下来给予资金。

- 从这里开始，我们进入了只是**为了好玩而花钱**的事情。如果这些事项一个月没有得到资金，天也不会塌下来。

选择仍然是你的，但是遵循这个结构可以帮助你了解什么对你来说是重要的，以及你可能会喜欢什么样的消费习惯。

# 第三章

# 第二条规则：接受你真实的支出

你已经满足了第二条规则：接受你真实的支出。你知道，预算会促使你通过每月给项目分配美元来细分大笔开支。说得够多了，对吧？

确实说得够多了。第二条规则是：它有能力彻底改变你的财务状况。我知道这听起来有点像电视购物推销，但请跟着我了解下去（因为这不是推销）。

第二条规则的实质是“长远考虑，现在行动”。它能让你把握即将发生的事情，这样当你以后需要钱的时候，你就不会口袋空空。未来可能发生任何事情，从账单到一个巨大的人生目标。想长远点，现在就付诸行动，你就会有足够的钱来承担这一切。

我在上一章介绍了“真实的支出”的概念——你需要的不仅仅是日常开销，每月的消费来维持你的生活。当我谈到第二条规则的时候，我特别关注的是那些偶尔会悄悄出现在我们身边的消费，但要明确的是，你真正的花费是你所有的花费——每天的，每月的，以及被我们经常遗忘、不定期出现的。“真实的支出”的概念帮助我们认识到，我们通常认为的支出并不能全面反映问题。

你与第二条规则打交道的时候，大部分都会涉及到你不常见的开销。它们通常分为两大阵营：**可预测的；不可预测的，但不可避免的。**

你的支出是可以**预测的**。虽然会让很多人大吃一惊，但我们都知道账单什么时候到期，要花多少钱。或者至少，如果我们费心去注意的话，我们都能接触到这些信息。汽车保险费是最大的花销之一。你知道当巨额账单打到你邮箱时的感觉。这总是你最不想要的事情，而且感觉就像你刚付了钱一样……哦，等等……是六个月前。你通常别无选择，只能刷信用卡付账，或者勉强开一张支票，用掉你原本打算花在其他事情上的钱。

现在想象一下，如果你在过去的六个月里，每个月存下 100 美元，那么当你的 600 美元保险费到期的那一天，你会有什么感觉。你不会退缩，也感受不到任何压力。事实上，你可能会感到非常高兴和自豪，因为你可以支付你的账单，然后继续过日子。你会记得，曾几何时，当你面对这样的账单时，会感到压力重重，而有钱付账的记忆会让美好的感觉更加甜蜜。

其他可预测的费用没有一个固定的数额，但我们仍然知道支出的确切时间，所以我们可以计划它。你知道你的购物支出将在 12 月激增。你知道开空调会在夏天提高你的电费，你的汽油或柴油费用会在冬天飙升。你知道你需要一大笔钱才能让家人飞到奶奶家过感恩节。你也知道随着你膨胀的信用卡账单而来的节后恐惧。总之，压力山大。

从 2 月份开始为假日购物存钱听起来可能有点疯狂，但想想看，当 12 月份，那一大笔现金还在那里，等着你把它花光时，你会有什么感觉。同样的道理也适用于任何在一年的特定时间出现的账单。未来的你会对过去的你感到很开心，因为你一整年都在考虑并提前准备。

另一方面，你**不可预测但又不可避免的**花销，是你知道在某个时候你需要花钱的东西——你只是不知道什么时候或者确切地知道多少钱。与你可预测的支出相比，这些支出有点不确定，但它们并不像我们通常认为的那样反复无常。

回想一下，当你看到你的信用卡账单时，你会觉得你的巨额债务仅仅是因为“一个特别疯狂的月份”。也许你的惊喜费用看起来是这样的：你参加的婚礼的礼物；GoFundMe① （众筹平台）为你同事的女儿捐赠的钱；你把车开得太近，以至于没能避开地上那个坑，然后买了个新轮胎（后两个都是凭空冒出来的）！为出席婚礼买了件只穿了一会的礼服，因为你的旧衣服大了两个尺码（这是你达到减肥目标的唯一缺点）。你的支出没有任何不合理的或不负责任的。有些甚至是慷慨和善良的！所以你把它当作一个不寻常的月份而不予理会，并承诺下个月将会更好。

下个月信用卡账单情况：一个科学展览项目的用品；你赤脚在车库里被自行车绊倒后拍的 X 光片（不要光着脚在车库里走）；昂贵的打印机墨水（这东西卖这么贵应该是违法的啊）；家里猫咪手术费。又是一个疯狂的月份，不过没关系。说真的，下个月就会好起来。下个月是正常的。

你知道事情会怎么结束？情况永远不会好转，因为这不是一个“特别疯狂的月份”。这就是习以为常的生活。

这些令人惊讶的开支是大多数人无法做预算的原因。他们觉得为计划外的事情做计划是不可能的，所以为什么要这么麻烦呢？

事情就是这样的：你的许多意外开支根本就不意外。从更广阔的角度看你的生活。你知道轮胎不会永远使用（每个月都要留出一些资金用于汽车保养）。你知道你的 15 岁的猫一定会有健康问题（当猫咪健康的时候，也要准备兽医费用）。你知道在你的

---

① GoFundMe 是一家美国的众筹网站，是协助解决个人事业（个人困难）募集资金的平台。

朋友圈中，你对任何涉及到孩子的筹款活动都很心动（给自己打一个“慈善捐赠”的标签）。这些费用在你的开支中并没有增加。是的，它们在撞击而出的那一刻是出乎意料的，但它们是不可避免的，这意味着你知道它们会在某个时候浮出水面。它们是真正的支出——你可以为它们做计划。

不管你能不能预测，只要看看过去的一些信用卡账单，你就能很好地控制你的真实支出。也许这对你来说会很痛苦，但值得你快速浏览一下。比如，你去看兽医的频率，慈善捐赠，或者不常见的花销等重要信息。这也是一个强化你考虑优先事项的好机会。如果你对你看到的每一份披萨外卖订单都感到失败，那就把这种挫败感当作动力，让你的支出与你的目标保持一致。这并不是要沉湎于过去——你只是盯着它看了足够长的时间，以充分理解你的钱真正流向了哪里（以及你可能希望它流向哪里）。

## 第一条规则卷土重来

我不得不承认：第二条规则就是第一条规则。这四个规则实际上都是针对不同情况的规则一。在这种情况下，规则二是简化的规则一，用于减少开支。

一旦你确定了你的真实开销，一切又回到了第一条规则。当你的生活必要开支得到资金后，把你的优先事项列出来，按照重要性顺序给它们分配资金。如果你不确定先投资什么，试着把目标对准那些经常会让你措手不及的突发开销，或者那些让你望而却步的高消费，比如假期。当你看着它们的时候，它们会让你感到畏缩。然后，尽你所能资助其他事项。

现在，请注意：第二条规则有一些副作用。首先，你会有更多的钱。由于你不是每个月都要把钱花在这些事情上（尽管你每个月都留出一些钱），所以你最终会有一大堆钱留在那里，等着被花掉。这是一件美好的事情。

你很快就会发现，你为不常见的开销准备的资金越多，你的压力就越小。事实上，你的金钱压力与你为你的长期消费目标——尤其是你的首要目标——预留的钱成正比，因为把钱花在对你重要的事情上感觉很好（我相信有一些非常官方的科学数据分析可以证明这一点）。

## 梦想大大，行动小小

关于第二条规则的另一个优点（它有很多优点），是它为你提供了一个简单、具体的实现大目标的策略。当然，它有助于节省开支，但要记住，预算实际上是设计你想要的生活。第二条规则是你接近梦想生活的秘密武器。

当你打开这一章的时候，我继续讲第二条规则如何改变你的资金状况。它真的可以，只要你不低估它帮助你实现巨大目标的力量。想想你想要实现的那些看似遥不可及的目标。他们更像是幻想而不是人生目标。你的梦想不一定非要像诗一般的才能改变生活。再说一次，也许你只是希望自己不要一直为钱而感到压力。第二条规则是完美的。想想有多少压力来自于那些总让我们觉得无法获得成功的“意外”支出，或者是我们做梦都想要消失的巨额债务。如果你从更广泛的角度来看待你的支出，并为那些巨大的支出储备资金，这种压力就会消失。

我经常将第二条规则与试图爬上一座大山的想法进行比较。这看起来很吓人——甚至不可能。但如果你把它拆成小山，你几乎不费吹灰之力就可达到。无论你是在攀登一座大山，还是朝着一个财务目标努力，小的起伏比大的起伏更容易管理。1 万美元的信用卡账单会让人感到麻痹瘫痪。但是，如果你把它分解成每月几百美元，那么你和你梦想的无债生活之间的差别就会突然变成少下馆子，少买一双鞋，或者每个月去超市时修改一下购买计划。每一次小小的胜利都会让你离你的目标越来越近，因为你会意识到这些小的决定加起来会带来很大的不同。

现在，我知道你可能有很多想做的事情。当你第一次坐下来学习第二条规则的时候，看到你的清单上的所有东西——从账单到目标——会让你不知所措。记住调整自己的步伐，让自己休息一下。你刚刚开始控制你的钱，不要期望能够资助一切项目。每个月都要花一段时间才能实现每个目标，也许你甚至不需要这样做。一旦你对某一特定领域的预留金额感到满意（比如兽医费用或汽车修理基金），你就可以停止了。这很简单。

尽管如此，全面了解你的真实开销感觉就像爬一座山——甚至是一座山脉。有这么多的目标在争夺你的现金，你很难知道从哪里开始。每个都放一点？还是瞄准一个猛攻？这就是战略制定如此重要的地方。就像我之前说的，从账单或开支开始，当它们到来的时候，它们总是会把你打晕——保险费，生日或假期花销，像夏令营或学费这样的年费。如果你能在账单到期前一次性为其中的一项支出提供资金，这种动力和良好的感觉会帮助你渡过难关，直到你能够逐渐为其他的大支出提供资金。别忘了，你预算的其余部分也会帮你腾出现金来实现这些真正的费用目标。

还要记住，你的情绪往往是衡量你应该首先解决什么问题的一个好指标，你有能力随心所欲地坚持下去。莉娅和亚当非常想还清他们的结婚债务，他们每个月都尽可能多地把钱投到他们的账单上。如果你感觉被一个目标所吞噬，那么就像它攻击你一样猛烈地攻击它——或者不做什么。朱莉和我在我们的预算中有一些根本没有钱的目标。它们是我们希望有一天能实现的长期目标，但它们还不足以吸引我们的资金。我们现在最大的一个目标是家庭小屋。我们很想存一笔钱，但我们希望在开始前不需要抵押贷款。所以我们把小屋列入预算中，作为提醒，也是一件值得期待的事情。

无论你的策略是什么，都要知道，对于你已经分配了用途的每一美元，都比以前得到了更好的利用。再来一遍，再来一遍，再来一遍。不知不觉中，你已经爬上了那座山，甚至没有停下来歇口气。

## 第二条规则指挥你的大脑

第二条规则会让你在一个从未经历过，更深的层面上，更积极地使用你的钱。当你为长远打算时，现在就付诸行动，你不仅仅是在看眼前的账单——你看到的是更大的图景，你对所有的开支都非常敏感。当你有这种清晰的思路时，你的消费就不会再让你感到惊讶了。你的银行对账单可能看起来大致相同（也许少了一些披萨外卖，但也可能没有），只是现在你看到了它们如何反映了你更广泛的生活情况。这种更集中的注意力也会影响短期的支出决定，这些决定对你的长期金钱目标有很大的影响。

简而言之，第二条规则会控制你的大脑。别担心，这是件好事。最大的变化是你的消费行为。当你的长期目标在你的头脑中时，你的银行账户余额不再是决定你是否买东西的因素。问题不再是："我能负担得起吗?"如果你手头有现金，你可能买得起很多东西，但这不是重点。你现在问自己："这是否让我更接近我的目标?"你正在以一种非常具体的方式考虑你的决定对未来的影响，而花钱变成了真正的权衡："如果我现在买这双鞋，我要多花一个月的时间来实现我的度假目标。"你很快就会发现，从这个角度看你的支出，你会做出很棒的决定!

我们一直都在做权衡，尽管我们可能没有注意到，因为权衡往往是模糊的而且毫无用处。我们想："如果我买了这个，我的钱就会减少。我能接受吗?"好吧，如果你不知道这两者的区别对你来说意味着什么，你怎么知道自己是否能接受呢?当我们因为想要更多的钱而决定不花钱时，我们的动机不会永久持续下去。我们总是想要更多的钱——这是一个无法实现的目标。我们最终会因为一个遥不可及的目标束缚住自己，而感到被剥削压榨。

第二条规则划定了实际结果的界限。现在你会想，"如果我买了这个，我三个月后买那个东西的钱就会减少"。现实让一切变得不同。现在，权衡的不是钱少不少，而是有没有你想要的东西。根本没有剥夺你的购买欲。你的牺牲得到了回报，你真正想要的东西!

当这种思维成为你的新常态时，奇迹就会发生。通过不花钱而筹集资金，你开始实现你的目标。唯一的变化是，你现在正积极地朝着任何你想要的东西前进，无论是房子的首付款还是一笔可观的兽医花费，这样当猫撞了墙受伤的时候，你已做好准备。

每次你选择把钱放在长期优先考虑的事情上，你实际上是在把钱提前送到未来，让“未来的你”走向成功。

## 眼见为实

马修·里奇是一位 29 岁的客户服务经理，和他的未婚妻艾莉住在纽约市。两年前，他开始使用“你需要一套预算”（YNAB）来摆脱债务。（他真的做到了！）如今，他的首要任务是最大限度地利用他的退休账户，并为他所谓的“更大的风险”——比如创办自己的企业——囤积现金。

最近，马修和艾莉开始了一项共享的预算计划，帮助他们团结一致，共同完成他们的生活。马修仍然有他的个人预算——他们计划一旦结婚就加入他们的账户——共享的预算是他们现在分摊的开支：房租、日用杂货、吃饭和旅行。他们过去尝试过几种不同的理财方式，但结果都让人失望，所以艾莉怀疑 YNAB 是否能奏效。但她还是接受了，因为马修是一个“四条规则”的死忠粉（他曾经给他 23 位朋友转发过我们一封关于“四条规则”的邮件，你和他在一起，不超过十分钟，就会听到他讲预算。事情确实如此，我爱他）。

马修对他们的共享预算感到很兴奋，他希望他的热情会感染到他的未婚妻。当朋友的婚礼请柬传到他们的邮箱时，他看到了向艾莉展示 YNAB 的方法是多么有价值的机会。距离好友结婚还有六个月。马特估计这趟旅行要花 1000 美元，他把它分成了六部分，每个月都强制性纳入预算。

六个月后，艾莉和马修在朋友的婚礼上喝着饮料。他们在预算中累积了旅行的全部费用，而这些钱正等着被花掉。

“我确实看到艾莉的眼中冒着金光。”马修说，“她惊讶于消费那1000美元而并不感到心疼。这是一个重要的时刻。”

艾莉可能永远不会像马修那样对“你需要一套预算”（YNAB）那么富有热情，但她已经看到了第二条规则的作用，她也加入了。

## 第二条规则必杀技：不再需要应急资金

我会再说一遍：第二条规则有很多美好的东西。我最喜欢的一个事实是，一旦你真的接受了它，“应急基金”的想法就过时了。我知道，几乎每一位金融专家都告诉我们，我们需要准备出几个月的支出，放在一个独立应急账户。但你为第二条规则预留的钱是你的应急基金，更好的是，它更有针对性，更积极主动，而且可能比银行里那些没有特定目的的、模糊的资金泡沫更有针对性的准备。

换句话说，当您执行第二条规则时，会感觉类似“十万火急”的事情更少了，因为你已经为它们做了计划（至少在财务上）。不要误解我——“我失去工作”的应急基金总会有一席之地。如果你的收入突然枯竭，做好准备是明智的，但即便是在这种情况下，我们也不建议把钱放在一堆标签为“紧急情况”的东西里。相反，你应该把你的现金用于未来的开支。如果你手头上有8个月的“应急基金”，那就把你接下来8个月的真实开支预算出来（记住，真实的开支是你所有的开支——每天的、每月的、偶尔的）。如果你正在为建立这些储备而努力，那么在未来的几个月里，把你的现金都分配好。或者，如果你只是担心未来收入受损，并且已经攒了钱来弥补这些损失，请将其称之为现状。把它想成是一种收入替代基金，你就永远不会冲动地去挥霍它。不同于一般的应急基金，你给了那笔钱真正重要的工作，为设立它的初衷提供保障。从技术上讲，你的银行账户看起来就像一笔普通的应急基金——它只是一大笔钱，但是你的预算将讲述完整的故事：你会确切地知道每一美元将涵盖什么，以及会持续多久。

同样，这也是第四条规则：规定钱的“年龄”。稍后我将深入讨论这个话题，但是如果没有提前透露一下第四条规则，我就不能谈论第二条规则的紧急基金接管功能。最重要的是，如果你的真实支出有充足的资金，你的工作危机就不会那么严重，因为你不会靠薪水过日子。

由于我们根据第二条规则而持有这些基金是有目的性的，因此这些基金被挪用的可能性也要小得多。当我们不确定它到底是用来做什么的时候，我们可以很容易地从通用的应急基金中提取资金，但当你知道钱是用来支付医药费的时候，你就不太可能用它来买生日礼物了。如果你真的拿了钱（好吧，你今天很健康，如果你不给你妈妈过生日，你妈妈会很失望的），你知道你需要放回去多少钱，为什么要放。利害关系很明显。

## 唤醒所有可变收入

第二条规则往往会吓跑那些没有稳定收入的制定预算者。我曾与数百名加入这一阵营的人共事，其中包括：自由职业者、服务员、顾问，或任何拿提成的人。

收入不稳定的人经常告诉我，他们的处境对于那些千篇一律的预算方式来说太独特了。当你如同涓涓细流般的收入以一种不稳定的速度流淌时，给每一个长期目标投入资金的方式似乎太过死板了。预算固守不变，与现实情况脱节。自由职业者和任何每月收入不稳定的人都应避免做预算，或者在现金流增加或枯竭的时候放弃。如果你已经阅读到本章，你就会知道预算应该是灵活的。但从远处看，当你的现金流如此不规则时，预算就像是一个令人窒息的盒子。

但所有这些都是一个巨大的误解。事实上，如果你的收入是可变的，你比任何人都更需要预算。这并不是因为你不善于理财，而是因为当你的现金流不可预测时，你会有更多的犯错空间。毫无疑问，客户的付款会在大账单到期的那个月延迟。在一个低现金流的月份，一个不经常发生的费用将打击和清除你的银行账户余额，一个项目将被推迟。你精心策划的这次旅行的花费将超过预期。当你没有固定的薪水时，很普通的"意外花销"会更容易打击到你。这是你的预算可以拯救你的时刻。

另一个经常隐藏的风险是，当你的收入不稳定时，你更容易欺骗自己，在大笔付款到来的月份，感觉自己很富有。那时你呼出一口气想，"一切都很好，我曾经为什么那么担忧"？在高收入月份，当你觉得一切都很顺利，你奖励自己一双新靴子时，你很容易做出错误的金钱决策，并失去为日后提供稳定现金流的机会。

这一切都是正常的——在收入不稳定的生活中，人们通常生活在两个极端：低收入月份的恐慌，高收入月份的狂喜。这是一场疯狂的拉锯战（你之所以选择这样，是因为它恰好伴随着你对职业的热情）。在这场拉锯战中，你几乎没有时间来清晰地审视自己的财务状况。这就是预算如此重要的原因。这是一种工具，可以帮助你在收入不高的情况下与您的资金保持一致。

预算是按月计算的这一事实，有时会使那些以不同的时间间隔领薪的人感到困惑。他们觉得这并不适用于他们，但逐月查看你的费用实际上是一个很好的框架，可以保持你的目标和义务的有序性。它可以让你为每月的日常开销做计划，并在你朝着更大的目标努力的过程中为自己设定节奏。按月计算你的支出也会让你清楚自己的财务状况。当五位数的付款单到来时，你可能会觉得很富有，但把收入分配到你每个月的预算中，你才会看到真实的画面。

也许你已经很有钱了，在接下来的六个月里你不用再为钱发愁了，这很好，特别是如果你在可预见的未来考虑到那些不常见的大额账单。在把钱花在游轮上之前，要确保那笔“剩余”的1000美元确实是备用费用。尤其是，当你的学费账单在两个月后需要支付，而你的下一笔收入需要更长一段时间才会有的时候。你可能不喜欢真相，但你会过得更好。

做预算迫使你做出一些决定，否则当你认为自己有很多钱的时候，你就会避免做这些决定。你需要对不稳定收入有清晰的认识，否则你低收入月份的痛苦将比大额支付带来的快感更加严重。你的钱可能像过山车，但你对钱的感觉不一定是。预算可以让你的情绪保持在“感觉不错”的稳定状态，直到“感觉很幸福”成为新的常态。

## 伟大的大学基金辩论

说到长期的财务目标，有一个不在我的清单上：为上大学存钱。我有六个孩子，但没有一个孩子有大学基金。这是真的。

我知道我不是唯一一个不为孩子上大学储蓄的父母。我的朋友和同事——“YNAB 团队成员”托德是另一个不存这笔钱的人，我们每个人这么做都有不同的原因。以我的家庭为例，我计划帮助我的孩子们还清大学债务——不是通过囤积现金来支付学费，而是通过让他们申请奖学金、做好预算和在校期间打工来支付学费。我非常反对贷款，所以学生贷款也不是计划的一部分。一个原因是我讨厌债务（正如你所知道的），但我也认为这是一个骗局——那些对钱知之甚少的年轻人相信贷款五到六位数是获得良好教育的唯一途径。但事实并非如此，这剥夺了他们在大学毕业后整整十年完全掌控自己金钱的权利。

我们能为我们的孩子做的最好的事情就是帮助他们认识到学生贷款不是唯一的选择（我说债务从来都不是唯一的选择）！在学校工作和申请奖学金是一个好的开始，也帮助他们认识到，昂贵的学费并不总是物有所值。选择一所大学，让自己真正融入这里的因素太多了。底线是你的孩子除了助学贷款之外还有其他选择。要确保他们知道这一点。

我也支持托德没有为大学储蓄的原因，那就是他和他的妻子杰西卡现在宁愿把钱花在和家人分享经历上。今年他们花了一大笔钱让他们一家五口在法国住了五个星期。他们的孩子当时分别是 9 岁、11 岁和 13 岁，他们计算过，如果他们把这些钱用于上大学，就可以支付一个孩子一个学期的学费。这些数字还不错。我确实鼓吹过小额储蓄的好处（想得长远，现在就行动，对吧），但这个决定又回到了权衡上。当面临选择是为将来的学费存一小部分钱，还是有一个改变生活方式的家庭经历时，托德和杰西卡每次都会选择在现在冒个险。

这不仅仅是冒险，也不是只有会计师才会喜欢现金交易，这些经历对托德和杰西卡来说是有价值的。另外，如果他们的两个孩子获得了奖学金，而第三个决定自己创业而不是马上去上大学呢？他们可能会错过托德和他的家人认为非常重要的生活经历。托德的女儿萨迪虽然没有大学积蓄，但她在法国时候，每天都要去一家面包房，用才学了几个月的法语，靠自己的能力为家人买面包。全家人每天都有机会置身于不同的环境中，有不同的食物，不同的生活方式，不同的出行方式，不同的期望。他们看到欧洲世界和他们在马萨诸塞州的小镇不一样。而那个将钱投入大学基金的家庭，将不可能在这个夏天有这样的经历。所以，他们高兴地为这笔钱选择了自己的优先事项。

一个人可以提出很多合乎逻辑的理由来反对这种想法，但这正是托德和杰西卡想为他们的家庭——以及他们的钱——做的事情。

包括我在内，没有任何人能给出精辟的建议来帮助你完成这些重大决定。这四条规则会给你一个结构来考虑你的选择，但是选择本身就是你的选择。

## 第二条规则：接受你真实的支出

我们大多数人都不习惯以真实费用来考虑支出，但一旦你接受了这种心态，你就会开始感受到财务自由的力量。几乎没有任何账单或支出的大幅增长会让你感到意外——而你只要坐在那里，就可以获得资金。

请记住，你真实花销分为两类：

**可预测的**费用并不多见，但我们确切地知道它们会在什么时候发生，以及它们会花多少钱，如保险费和汽车登记费这样的账单，但也要记得预测可以想见的支出波动，如假日购物、夏令营、园艺用品、返校服装。即使他们没有设定数额，你也可以设定支出目标，并将其划分为全年的月度目标。

**不可预测的，但不可避免的**费用包括：汽车维修、冲动捐款、结婚礼物，在你家老狗忘记出门溜达一圈后给地毯洗澡的费用……

第二条规则也是实现你人生目标的超级能力。想创业，买一辆摩托车，背包穿越非洲，或者做任何事情，对你来说，会让你的生活更美好吗？设定一个目标，把它分解成可管理的每月金额，开始为你想要的生活提供资金。

# 第四章

# 第三条规则：避其锋芒，顺势而为

这里有一个实验：现在就为你下周五要做的事情写一个计划。下周五来的时候，告诉我你是如何坚持你的计划的。

我们不必等到周五就能知道事情会怎样发展。你会改变计划的。你会尽一切努力去做某些事情，比如拿起你的干洗衣物，但你会因为帮助邻居把一个蒲团从三层楼梯上搬下来而被耽搁。下雨了，你宁愿洗衣服也不愿在花园里干活。即使你的计划涉及到工作，电子邮件和会议可能会搅乱你的日程安排（你说你什么时候离开）。任何事情都可能发生，也将会发生，因为计划和现实生活是有区别的。

这是否意味着你不应该制定计划？不，事实上，你实际的一天和你计划好的一天之间的差距取决于你如何处理该计划。

有种没有计划的计划方式，你只需要稍纵即逝的想法。你在这方面取得成就的机会微乎其微。同样的道理，如果你写了一个计划，然后忘记了它——下周五你会做什么？到傍晚的时候，你会想这一天都去了哪里。不管你做什么，都是一时兴起，根本不考虑你到底想要完成什么。

另一种极端情况是，如果你执迷于坚持计划，无论后果如何，坚持到最后一分钟，你肯定会感到压力和不快乐。即使你不介意把你的时间管理得这么紧，你也会很快耗尽精力的。你可能仍然无法完成所有的事情。总会有事情发生……

出门的时候，你把一个杯子掉在地上，而你不能稍后处理这些，因为猫会踩到碎片。

在工作中，你会沉迷于和你的姐妹发短信（真的需要把自己和手机分开）。

你最好的朋友打电话给你，他刚刚得到期待已久的晋升机会。他欣喜若狂，你能在30分钟后和他吃午餐庆祝一下吗？然后再去个健身房?!

你懂了。具体到分分秒秒来管理你的时间是不现实的。你知道你的一天不会像预期的那样顺利，而且（这取决于你是什么性格的人）你对此很满意。如果你有某种计划，即使最终发生变化，你也知道自己更有可能实现目标。

这正是我们应该如何对待我们的预算：就像一个灵活的计划。

问题是，大多数人很难把他们的预算看作是一种有很强适应性的生活方式。他们觉得，如果他们改变了预算，他们就不是真正的预算，而是在作弊——但这是大错特错的。

第三条规则："避其锋芒，顺势而为"就是要调整你的预算，以适应任何可能发生的情况。因为你的预算是一个反映你生活的计划，和生活一样，计划（和预算）也会改变。

让我再说一遍：改变你的预算是可以的。

标记重点词"改变"，对吧？如果你想坚持下去，你就必须改变你的预算。

让我在这里明确一点：我想要你拥有新的思维方式。改变是如此重要，以至于我们专门制定了一个完整的规则。这并不过分——这实际上是人们在"你需要一套预算"（YNAB）上茁壮成长的最大原因之一。即便你们以前在预算方面遇到过困难。当所有其他的预算应用程序、专家指导都让你在偏离最初计划的那一刻感到失败时，第三条规则将会拯救你。它把你的预算从电子表格中抽出来，放到现实世界中去。

## 问责制

如果因为改变预算而有失败感，那不是你的错。我们听到的关于在经济上获得成功的许多建议都围绕着自律这个概念。打起精神在家煮咖啡，在你的衣柜里“购物”而不是去买新衣服，别在外面吃饭了……你做的任何预算变动都会让人觉得你的自律得分被扣减一分。我们相信如果我们不能对我们的预算负责，我们就永远不会成功。

问责制至关重要，但是让我们弄清楚什么是问责制。问责是处理你做的每一个决定的真相。当你改变你的预算时，你实际上是最负责任的（继续读，这句话很重要）。如果你在外出就餐上花费过多，并且需要把钱从另一个优先考虑的事情上拿出来，比如度假，那就是问责制。你生活在现实中，比你计划的花费更多意味着什么：你现在离你的假期目标已经很远了。这不是一次失败，而是一次重新排序。

你不必对预算中的每一项都负责。这就像你一周前写的每小时日程表一样。这与现实不符，但你要对自己的底线负责——也就是说，你的收入和支出的平衡。当生活需要钱的时候，你可以也应该把钱放在不同的优先事项上，但底线是你知道你的钱是有限的。如果你在一个地方花的钱比计划的多，你就必须从另一个消费目标中提取这笔钱，因为钱在其他方面是无法提取的（债务从来都不是唯一的选择）！

这种大局观会让你的预算和目标更接近。当然，也许你不会像计划的那样为这个月的假期节省 500 美元，就像你可能不会在下午 3 点准时去拿干洗衣物一样。但设定这些目标可能会帮助你在这个月省下 300 美元——如果你当初没有认真制定计划的话，这笔钱本来会花在中餐外卖和 iTunes 播放器[①]上（你并不那么在乎这两样东西）。同样的，如果你不打算拿起你的干洗衣物，你的外套还会挂在那个旋转的架子上。目标才是最重要的。只要你继续朝它们前进，你就成功了。

任何致力于实现一个大目标的人，在行动中调整计划是很正常的。想想篮球教练在中场休息时做的调整，或者国际象棋大师在看到对手防守时的调整策略。或者，对于游戏玩家来说，当你在玩魔兽世界的时候，你两回合打不倒最终怪兽，所以你只能打三回合（非玩家们，相信我，我就这么一说）。对于我们来说，在任何情况下都不能指望，哪怕是高能力水平的人能够马上适应情况，这是荒谬的。但当涉及到让我们的预算适应新的信息时，我们很快就会把它贴上失败的标签。

## 一寸光阴一寸金

还在担心改变预算是作弊吗？还有一种方法，可以把它其视为时间：你有三个小时的时间在工作中完成一个项目，还有七个任务要完成。没有更多时间，那有限的三个小时就是你的底线。所以你做了一个计划，开始检查最后的七个部分。突然之间，其中一项花费的时间比你预期的要长得多。所以你调整计划。你不

① iTunes 播放器：一款数字媒体播放应用程序，能管理和播放数字音乐和视频。

能创造更多的时间，所以你决定跳过其中的两个任务。你完成剩下的工作并交工（顺便说一下，你的客户很激动，原来你跳过的那两个任务是你不需要做的）。你在截止日之前完工了。

这就是你的预算是如何运作的。你只能用你现在有的钱，这是你的底线。当生活（或客户的项目）需要它的时候，改变它是明智的。

## 不要自欺欺人

除了自由，第三条规则给你的预算带来了有助于目标生活的一点——诚实。无论如何，在你需要的时候改变你的预算，但也要注意你已设置的模式。如果你一直在调整计划以弥补某个领域的超支，那么当你做预算填写这个数字时，你可能对自己并不诚实。

如果你习惯性地调整你的预算，这就像你的“今日待办”列表中的一项，该项目已经待了一个月了。你知道你今天甚至本周都不会整理你的衣橱，所以要么把它从清单上划掉，要么重新评估你的优先事项。否则，这个任务就会一直待在那里，诘问你，让你觉得自己总是做得不够好。

也许你愿意每月花 400 美元为五口之家购买食品，但如果你每个月都超支的话，目前，400 美元就不符合你的现实情况。这可能意味着你不得不为满足家人的需求而增加日常开支。或者，如果你下定决心要控制在 400 美元，你需要改善你的日常开支方式。又或者，如果你决定吃有机食品和本地食品，你可能要做的不仅仅是改善了——但那是因为你做了那个选择。

十年来，朱莉和我几乎每个月都在日用杂货上超支。我不是在开玩笑。在一百多个月的时间里，我们可能就实现了十次日用杂物的预算目标。月初，我们总是带着乐观情绪来设定我们的食物目标，认为这次会有所不同。我特别发誓，我们只需要再有几张优惠券，或者再看一看超市海报，我们就能实现目标。我知道朱莉能做到，因为这是朱莉擅长的。我们新婚时都学会了超级节俭，在那些日子里，没有人比朱莉更能精打细算了。

我们的日用杂货预算目标是基于我们早期的消费模式加上有孩子们后的消费模式。这些数字多年来一直有效。我只是不明白为什么我们再也没有达到目标。

然后，一天晚上，在一次预算会议上，我们终于剥去了“层层迷雾”，露出了事情的真相：朱莉不再是一个比价高手了。当我们身无分文、没有孩子的时候，她总是力所能及地缩减开支，但她再也不想为了几分钱或者比较食品性价比而锱铢必较了。这些年来，她带着孩子们，在没有混乱的情况下完成购物，感觉就像一场胜利。正如她所说：“我不在乎一罐玉米粒多少钱。”她的首要任务是享受一个平静的购物体验。

我终于明白了。我们花了十年时间才揭露真相，前九年我们磕磕绊绊地寻找，但我们找到了答案。我们并没有陷入刚结婚时的经济困境。我们有足够的钱来增加我们的日常开支，对朱莉来说有喘息的空间是很重要的。

只有说实话，才会发生改变，从而获得解放。当我们开始把更多的钱投入到日用杂货类的时候，紧张的气氛就消失了。我们仍然使用第三条规则——只是现在是为了真正的惊喜，而不是我们发誓要做但知道永远不会做成功的事情。

## 生活、价值观和优先事项

当你超支的时候，不一定总是要调整资金分配。有时候，生活让我们措手不及，我们需要重新制定我们的财务计划，以跟上生活的脚步。

我是说，例如渗水被淹的地下室，咖啡洒在你的新笔记本电脑上了。那个打电话来告诉我，她还有十五分钟就到了的亲妹妹，然后在你家里住两个星期，吃掉你所有的食物。

当你练习第二条规则的时间越长，你就会有足够的资金来应对意外，但有时这些意外的打击力是如此之大，它们会完全打乱你的计划。那时候，你就会开始从每一个可以节省的项目中挤出钱来，也许你会为你花在那些根本不在你优先考虑的事情上的钱而感到遗憾。

但有一点是这样的：也许它们不在你的优先考虑范围内，但它们通常反映了你的价值观，而价值观是你预算的驱动力。虽然你的优先事项会很快变化，但你的价值观更有弹性。有时我们甚至没有注意到我们的价值观在引导我们。我们只是觉得某个决定是“应该做的正确的事情”，或者干脆是不容商量的。

你的家人对你来说可能比任何事情或任何人都更重要。所以当你的小妹妹家因为发霉而需要重新装修，请求她与家人和你住在一起时，你会毫不迟疑地答应。基于第二条规则，你的预算可能没有收容其他家庭这个项目，但你的价值观让帮助你妹妹一家成为了一个重要的优先事项。你会找到从其他项目中挤出资金的方法。你的预算会突然看起来很不一样，运转起来会很困难，但是驱动你的新资金计划的价值观会和以前一样。

你的价值观甚至会影响到最不起眼的决定。托德的车库门最近坏了。它被卡在了下面的位置。在它坏掉的前一天，更换车库门对托德一家人来说根本不是头等大事。之后的第二天如何呢？这笔资金几乎就在预算表第一位了。同样，他们建立预算的基础是：家庭安全、舒适的居室、教育、旅游机会、健身和健康饮食。这些价值观并没有改变。他们的预算也做到了。

你的价值观也会帮助你决定在逆境中你愿意做出多大的让步。他们甚至会估算出打击的严重性。如果咖啡溅到你的新苹果笔记本（MacBook Pro）上了，如果这台电脑是供个人使用的话，这可能是一个昂贵且令人遗憾的麻烦事。但如果你是一个自由职业者，你是否需要它来完成你的工作呢？在这种情况下，不更换它意味着你将无法为你的家庭收入做出贡献。突然之间，这个决定是不可商量的。也许你的下一台电脑会更便宜，但底线是你必须买一台新电脑，因为你重视家人生活的安稳。优先事项发生了变化，但价值观不变。

## 当大目标遇到大打击的时候

特蕾西和丹·凯勒梅尔已经利用“你需要一套预算”（YNAB）实现了一些相当大的目标。他们还清了5万美元的消费债务，并节省了2.5万美元，用现金支付他们的婚礼费用（有后文里有他们相关的冒险经历）。

婚后不久，他们就暂停了债务偿还，专注于另一个具有里程碑意义的事项：建立一个充裕的应急基金，但他们不打算花长时间来储蓄。他们在六个月的时间里，每个月都要把2000美元存起来。但短暂的婚后生活却被巨大冲击搞得措手不及，2016年5月，特蕾西被解雇了——就在七个月前，她对丹说了“我愿意（嫁给你）”。

“我崩溃了。”特蕾西回忆道，“这让我们的收入减少了40%，但丹一直向我保证，我们会没事的，因为我们已经做好了准备。”

他们有所准备不仅仅是因为有应急基金；他们已经习惯于过着节俭的生活来实现他们的财务目标，以至于他们甚至不需要碰那笔钱。他们说：“我们必须在5月份以后调整开支，以应付困难。我们也不再存钱了。这样我们可以不动用我们的应急基金，那可是笔巨款。你如此努力地存起来，绝对不想浪费它！”

丹和特蕾西最大的改变是不再存那2000美元。他们还将个人开支削减了一半。从那以后，他们在服装、娱乐、餐馆和狗狗预算等其他方面削减了一些开支，所以他们在任何一个方面没有感到有什么惊人的落差。他们还卖掉了特蕾西的车，重新分配了资金。丹在家工作，所以两个人可以共用一辆车，特别是因为特蕾西不再开车去上班了。这意味着他们的汽车保险和汽油支出也减少了一半。特蕾西在非常需要衣服的时候就开始在二手店购买，当她需要在特殊场合穿衣服的时候（她过去通常会买一些新的），现在她就会从姐姐那里借衣服。他们还利用信用卡积分的优势，把这些积分兑换成现金。

特蕾西和丹的经历提醒我们，预算考虑越长久，受到打击时的伤害就越小，即使是那些大变故，也能扛过去。第一条规则和第二条规则将帮助你克服困难：

- 规则一让你把精力集中在最需要钱的事情上。
- 你可能没有失业基金，但如果你已经遵守第二条规则有一段时间了，你手头上的钱可能足够支付你的一大笔开支。

如果你没有遵守任何规则，不要担心。做一些必要的事情来渡过难关并继续做预算，让这些经历激励你去实现你的财务目标。你会发现，当生活的下一拳来袭时（它会的），它的伤害不会那么大。规则会为你编织一个漂亮的小安全网。

## 共同预算的家庭

来认识一下戴尔一家。在这本书中，他们的预算经历涉及了很多方面，你会多次听到他们的故事。故事从 4 万美元的住院治疗开始。你知道，他们正在为此从口袋里掏钱。

2016 年 1 月，9 岁的阿斯彭·戴尔变化很大，不再是她自己了。她在几个星期里瘦了十磅，而且经常感到不舒服。在去急诊室的路上，她的父母乔恩和艾米得到了一个惊人的消息：阿斯彭患有 1 型糖尿病。

那晚之后，他们的生活发生了翻天覆地的变化。在经济上，他们要支付新的医疗费用，这将成为阿斯彭生活的一部分。他们的医疗保险报销了他们的开支，但他们的处境使他们不得不预先支付账单。这意味着巨大的现金流需求。这是一个重要的打击。

乔恩第一次给阿斯彭打胰岛素时，一只药品的价格是 1000 美元。现在，胰岛素、针头和试纸成为了他们日常购物清单的首要选项。每一次指血检测都要花几美元，阿斯彭需要每天做几次。

还有 600 美元的血液检查和 4 万美元的急诊室费用，以及三天 ICU 费用。

好的一面是：急诊室和医院都愿意等到他们的保险计划报销后再付款，这样他们就可以一次支付 4 万美元而无需自掏腰包。

更好的一点：当这一切发生的时候，戴尔一家已经遵循 YNAB 四条规则很多年了。虽然他们没有一个资金不菲的慢性疾病基金，但他们能够利用在其他领域积累的储备来支付阿斯彭的医疗费用。可以肯定的是，这是一种调整，但他们实际上能够用手头的现金支付账单（减去 4 万美元）。

最聪明的是：乔恩是一名自由职业者，但他的主要客户却与他签订了年度合同。这位客户非常支持他，并在阿斯彭被诊断后，乔恩需要照顾孩子的那段时间里付给他报酬，为他们的预算增加了额外的保证。戴尔一家依靠上个月的收入维持生活（更多内容见第 5 章），所以他们不用担心收支平衡，即使有新的支出。阿斯彭的诊断对这个家庭来说是一个巨大的情感冲击。一家人在适应新生活的过程中能够在一起，不用担心钱的问题，这感觉就像一份令人难以置信的礼物。

如今，他们的预算看起来与阿斯彭被确诊之前的预算有很大不同。阿斯彭现在有了自己独立的医疗保险计划，戴尔夫妇完全是自掏腰包。它涵盖了 70%的费用。他们每年花在医疗费用上的钱约为 7000 美元，这是他们预算中的一部分。

对于阿斯彭的意外患病，家里并没有提前做任何准备，但他们还是尽力做好了充分的准备——至少在财务上是这样。考虑到经济压力，戴尔和艾米可以把全部精力放在阿斯彭和他们三个大一点的孩子身上。当然，他们要在几年后才能实现他们马上要完成的第二条规则的目标，但就像托德车库门事件一样，戴尔夫妇的预算仍然充分反映了他们的价值观。他们在照顾自己的家人。

## 哦，你好，第一条规则

还记得我说过的四条规则都是针对不同情况的规则一吗？惊讶吗？第三条规则从字面理解就是规则一——持续一个月。你在第一天就分配了任务，然后随着时间的流逝，你就会一直这样做下去。即使在极端情况下，比如阿斯彭·戴尔的医药费账单，或者特蕾西·凯勒梅尔的失业，第三条规则也只是着眼于你所有钱的总体情况，然后问自己：我希望这些钱能为我做什么？然后，你开始调遣它们。你制定了一个新计划。

所有这一切就是我们将规则三称之为“避其锋芒，顺势而为”的原因。最初的比喻来自拳击。当你的对手出拳时，如果你持续移动，你就不太可能被击中。你必须不停地上下左右摆动，不断地调整你的位置。即使你真的被击中了，但如果你跟着那一拳移动的话，你受到的伤害会小很多。当你站着不动的时候，你很可能会被撞倒在地。

这种关联其实远远超越了拳击。当我想到预算的时候，我经常想起体育运动，在很大程度上是因为预算实际上不是一件东西，它是一种活动。无论你是在躲避打击，还是在制定你的游戏计划，你总是在为实现一个大目标而制定策略、调整和努力着。你不会只想着呆站在那里。和任何具有挑战性的活动一样，只有在过程中照顾好自己，你才能做到最好。这意味着在需要的时候善待自己，坚持自己的价值观，并专注于全局。

如果你不允许自己做出改变，你就会放弃退出。当你手里拿着的账单超出了你的预算时，还有什么别的选择吗？你可以逆来顺受，重新分配你的钱，或者你可以认为你不适合这样的预算生活。后者可能很有吸引力，但如果你已经读到这一点，我猜你不会轻易放弃。

## 第三条规则：避其锋芒，顺势而为

跟着我重复：

*改变我的预算并不意味着失败。*

*改变我的预算并不意味着失败。*

如果你的支出比你计划的多，或者意外来临，而你并没有为此存钱，不要担心。你的预算是用来反映现实生活的。你生活中什么时候做过完全按照计划进行的事情？只要左躲右闪，顺其自然，继续前行。

请记住：即使你没有按照自己的期望实现所有目标，你可能会发现你的预算仍然反映了你的价值观。因此，即使你没有注意到那 100 美元的少年棒球联盟注册费，你也会把它从（例如服装消费或餐饮消费等）支出目标中剔除，因为你看重家庭户外活动的乐趣。你没有失败——你只是在现实生活中做预算。

# 第五章

# 第四条规则：规定钱的“年龄”

我们都希望在金钱面前感到更少的压力。这是我们进行预算的一个重要原因。但在什么情况下，我们能在沙滩上画一条线，上面写着："从今天开始，我的资金压力消失了。"我们怎么知道什么时候放松并且不再担心呢？

这里有一个潜在的线索：你的银行账户里有一大堆的钱。好吧，我有点厚颜无耻了。但是，当我们拥有一个金额不错的银行存款时，难道我们不会感到快乐和没有压力吗？也许吧。一堆资金是一个好的开始，一个比你以前拥有的，一个更大更好的开始，但是它的力量取决于这些钱在那里呆了多久，以及你期待它能停留多久。如果你下一波账单来袭的那一刻它就消失了，那么你认为已经消失的金钱压力实际上就站在你身后。任何一个生活的"惊喜账单"或者事件，它就会追赶上你。这就是为什么要拥有比以前更多的钱，这是一个很重要的因素，但实际数量并不是产生差异的原因。这也是为什么你不能根据邻居家资产的大小来判断自己是否进步。重要的是你手头有足够的钱，这样你就不会在下次发工资前遇到麻烦。

第四条规则：规定钱的"年龄"，这样你就不需要依赖下个月的薪水救急了。事实上，如果"你需要一套预算"（YNAB）有助于结束财务压力，那么第四条规则就会让你真正开始觉得这种缓解会持续下去。它可以帮助你存储现金，这样你就有足够的储备来支付你的账单和很长一段时间的花销。能有多久？这完全取决于你。但你的钱"年龄"越老，未来资金压力就会越小。让你的钱变的足够老，资金压力甚至不会出现在你的视线里。

## 我们可以从大学食堂和农民那里学到什么

还记得你大学食堂放满麦片分配机的餐台吗？在漫长的学习之夜，或者当你吃不到学校自助餐厅里的神秘晚餐时，那一排排五颜六色的谷物是一片绿洲，解决你的饥肠辘辘。

如果我描述的并不是你的大学时光，想想在大多数杂货店都能找到的一堆坚果和糖果的“宝塔”，甚至是农场的粮仓。

这些食物分配器都以相同的方式工作：当添加新的谷麦片（或软糖，谷物）时，新的食物会被从顶部倒入，然后落在已经存在的旧食物上。当你想要一些的时候，你从底部把麦片拿出来，新的麦片就会往下走。循环不断移动着：顶部是最新的，底部是最老的。

如果你吃麦片的速度快于麦片塔被装满的速度，它就会被消耗殆尽。如果你有一整排的其他食物可供选择，这没什么大不了的，但如果我们讨论的是农场上唯一的谷物仓库呢？如果这是社区的一种食物来源，那么耗尽将是一个问题。

避免食物耗尽的最佳方法是减少每天摄入的量。当这种情况持续发生时，储备就会从剩余的部分中积累起来。随着新谷物被添加到顶部，每天的剩余食物慢慢地沿着塔向下移动。

如果您正在吃当天，甚至前一天添加的谷物，那你就生活在边缘。这意味着如果你错过了哪怕一天的补给，你就会吃完食物。

但如果你吃的是10天前的旧麦片，这意味着距离添加麦片和吃它的之间有10天的缓冲时间（别担心，那些巧克力糖霜“能量炸弹”里装的都是防腐剂，保质期会比这长得多)。加入麦片的时间和你吃麦片的时间之间的差距越大，如果意外发生，你就会有更多选择，更安全、更灵活。你希望谷物在食用前尽可能长时间“老化”。

**钱的年纪越大越好。**

你可以使用第四条规则：计算你钱的“年龄”来帮助衡量你的钱有多“老”。金钱的“年龄”是根据你挣到钱（吃麦片）和**支出**资金（钱流出）之间的时间间隔而定的。如果你周二花的钱是在周一存入的，那么你的钱已经存了一天了。如果你把周一存入的钱花在周五，那么你的钱已经存了五天了。

第四条规则更多的时候是一种工具，而不是规则，因为我们没有为你的资金“年龄”设置一个绝对标准，只是要“老”一点。我们告诉大家，30 到 60 天是一个很好的目标，但有一天总比没有好，五天比一天好。只要继续努力增加从收到钱到花出去钱的时间，就是进步。

如果你有欠债，你的钱的“年龄”实际上是负的。你甚至在拥有工资之前就把它花光了，无论是通过信用卡还是贷款，但这并没有改变第四条规则的工作方式——策略是一样的。花得比挣得少，用差额还清债务。一旦你克服了这个障碍（你会的)，你就不必再把多余的钱花在还债上了，你可以让这些钱留在那里，慢慢变老。你不再为过去的花费买单。现在你把钱寄给了未来，所以它就在那里等着以后花。

同时要记住，如果你花的钱是你昨天刚挣来的，甚至是这周赚来的，那你就过着依靠薪水的生活。这当然比负债生活要好，但就像吃了今天刚收获的谷物一样，它给你很少的空间来处理意想不到的事情。当你一有钱就花掉的时候，你只是仅仅扑灭了你眼前的火。我们的目标是为了减缓资金流入和流出的周期，让自己在挣钱和花钱之间有喘息的空间。

## 欢迎回来，理智

听起来可能有点奇怪，你不应该在拿到薪水的时候就花掉它。这难道不是金钱对我们大多数人的作用吗？钱来了，我们付账单，我们买我们需要的东西。对大多数人来说，这是现实，而不需要即将到来的薪水的想法是不可能的，我们可能希望成为一个百万富翁。

毕竟，这就是金钱的压力所在：让人觉得自己不可能获得成功。你的薪水有多少并不重要。如果钱从你的账户里飞入飞出得太快，以至于你根本没有机会喘口气，那么不管你一个月挣 1 千美元还是 1 万美元，这种压力都存在。你被困在挣钱和付钱的循环中，挣钱和付钱。有没有这种感觉：如果你在跑步机上走错一步，你就会脸朝下摔下去。

这种压力的大部分与生活薪水相关，这正是第四条规则帮助你克服的。我们把精力和理智都花在计算账单的时间上。我们甚至欺骗自己，认为这种策略上的把戏意味着我们在用钱上很聪明，因为我们一直在账单上高枕无忧。但如果你能把你的钱积攒起来至少 30 天，那么这个毫无价值的游戏就会消失了，因为这个月的钱已经在那里，等待着被花掉。

换句话说：

没有第四条规则，你有一堆等待着钱的账单。

有了第四条规则，你有一堆钱等待着付账单。

花“旧”钱对你的健康和理智意味着各种各样的事情。首先，你会恢复理智，因为你不用花那么多大脑空间和精力去应付账单。想象一下，你不用等着下次的薪水来支付某些账单。想象一下，把它们都放到自动转账系统上，知道钱就在那里。这是一种不错的感觉。你会睡得更好。

当你不需要马上使用你的钱的时候，这种情况就会缓解。这给你赢得了时间——做决定的时间，调整的时间，纠正的时间。你等待使用资金的时间越长，你就越能控制自己的金钱。反之，生活就越能控制你。

如果你的收入不固定，那么这段美好的时光尤其宝贵。当你靠“旧”钱生活时，你不必仅仅因为这个月剩余时间有点短就接受那个疯狂的客户。你有现金缓冲。你的收入越不稳定，你的钱“年龄”就应该越大，这样你就有一个缓冲来度过低现金月。

无论你的收入状况如何，让你的钱变老都能帮助你渡过难关。它为你提供了如何弥补现金短缺或紧急情况的选项。知道你的费用在一段时间内得到保障，你就放心了。无论出现什么样的财务挑战，你都会更有创造力，更少被动。

## 当你后退一步时，令人惊奇的事情就会发生

你是否有过这样的经历：当你回顾一件事的时候，你是否意识到这件事的压力比你想象的要大得多？你经历了这件事儿（稀里糊涂的），距离现在已经有了一段时日，你回顾时，可以清楚地看到事情的过程其实并不理想。

当我们去度一个很必要的假期时，事情往往会发生在我们身上。有时候朱莉、孩子们和我都被一大堆疯狂的活动和日程时间表所包围，以至于我们都没有意识到自己有多紧张。我们不停地从一个预约跳到另一个预约，晚上瘫倒在床上，第二天再重复一遍。

我们只有在把自己从日常生活中剥离出来之后，才会注意到我们日常生活的真实模样。当我们设法离开，回望自己，发现在一个幸福的时刻，只是看着孩子们在嬉戏玩耍，其他什么也不做，我们意识到：我们累了。哇，我们累了吗？光是想想我们留在家里的东西就会让人不知所措：安顿我们的新房子，体育锻炼，舞蹈课，家庭作业，做生意，健身目标（朱莉和我都有点痴迷于此）。

退一步是一个巨大的帮助。它让我们看到了我们生活的全貌，以及我们可能想要改变的东西，使其更易于管理。最后一次发生这种情况时，我们度假回来，取消了舞蹈课——我们大女儿告诉我们她早已厌倦舞蹈课。即使在她 8 岁的时候，一点点距离感也能帮助她优先考虑自己的生活。我们听从了。我们还重新开始了简单的饮食计划，这样我们就不会每天晚上都手忙脚乱地想着晚餐的事。这些小小的调整帮了大忙。

另一些时候，距离感带来了巨大的变化：家庭学校教育一年，改变了我的工作习惯，甚至决定搬到小一点的房子里。

当涉及到我们的钱时，第四条规则给了我们同样清晰的认识。它给了我们时间去看我们的现金流的全貌，这样我们就能看到哪些是有效的，哪些是无效的。再一次，这是随着你的钱变“老”而产生的一种解脱。当你靠薪水过活时，你几乎不可能看清楚全貌。你只是在这个时间点上生活下来。第一条规则到第三条规则绝对有帮助，但是从远处看你资金的完整快照会给你的财务观念带来新的理解。

这就像从一个活动跳到另一个活动，却没有机会意识到自己有多累。你看不到你的习惯是如何伤害你的。如果你能从日常生活中少做一些事情，也许你会更快乐，休息得更好。也许你甚至在工作中会表现得更好，对你的孩子更有耐心，如果你少了一些“义务”，你就有精力去实现你的锻炼目标。

这就是问题所在：当你无法清楚地看到自己在做什么时，你就看不到简单的改变会让事情变得更好。

亚历克斯·哈森布勒是明尼阿波利斯市的一名23岁的软件工程师，在他的第一份全职工作开始几个月后，他就实现了这个梦想。

## 当你不知道你站在哪里时，你就不知道自己能做什么

从表面上看，亚历克斯·哈森布勒的金钱故事似乎很无聊(别被愚弄了)。他在经济稳定的家庭中长大。他在大学里一直有一份工作，有足够的钱和朋友出去玩，买游戏机，或者去滑雪旅行。他从18岁起就开始使用信用卡，而且总是按时付清账单，没有债务，生活并不充满戏剧性。

亚历克斯于2015年6月大学毕业，很快就在塔吉特[①]总部找

① 2000年1月，戴顿赫德森公司（1962年成立）更名为塔吉特（Target）公司。塔吉特公司位于明尼苏达州明尼阿波利斯市，是美国仅次于沃尔玛的第二大零售百货集团。

到了一份程序员工作。你好，成年人！他现在有了401（k）计划，他很高兴能在退休后开始储蓄和投资。问题是：他甚至不知道自己能存多少钱或能投资多少钱，因为他没有记录自己的花销。

在此期间，亚历克斯的四张信用卡也占据了他大部分的财务脑细胞。虽然他总是负责任地使用它们，但在还款时，他却犯了错误。“我不敢使用自动转账。”他说，“如果账户里没有钱怎么办？如果我错过了什么，而我没有足够的钱怎么办？”总是存在一定程度的不确定性。亚历克斯的解决方案是设置谷歌日历事件和提醒，每月手工支付信用卡账单。这只是一个小把戏。

在最初的六个月里，亚历克斯仍然设法节省了15%的既得工资。听起来不错，但他觉得自己可以做得更好。“我开始意识到金钱很重要，但更重要的是管理金钱，”亚历克斯回忆道。他开始阅读更多关于预算和财务的书籍，就在那时，他在红迪（Reddit）论坛[①]上听说了“你需要一套预算”（YNAB）。他很快就迷上了这四条规则。

在得到第一份薪水一年后，亚历克斯的资金状况发生了翻天覆地的变化。这些数字说明了一切：

在遵循这四条规则的六个月里，亚历克斯省下了70%的税后工资，比之前六个月的15%有所上升。

那不是打字错误。他从节省15%的收入跃升至70%，同时他并不是每天都吃泡面来省钱的。

“看看这些数字，似乎他们看起来很假，”亚历克斯承认道。“但我唯一真正做的改变是考虑我的支出。以前，我从来没有想

① 红迪（Reddit）论坛，可视为美国版天涯论坛。

过我在任何事情上花了多少钱。现在想起来很可怕，因为我不知道我把钱花在了什么地方！”

当亚历克斯开始使用“你需要一套预算”（YNAB）工作时，他确实审查了他最近的三份信用卡账单，以帮助他完成他的第一项工作任务。就在那时，他发现了自己的一个大支出——外出就餐。

在使用“你需要一套预算”（YNAB）之前，亚历克斯大概每个月花450美元在外面吃饭。这包括工作时的午餐或咖啡以及与朋友外出就餐。这是基于他之前的三份信用卡账单得出的估计。

在使用“你需要一套预算”（YNAB）运行6个月后，亚历克斯清楚地知道，他在外面吃饭的平均月花费（精确到美分）是141.88美元（根据6个月的数据得出的确切数字）。

“一个月出去吃几次饭，而不是一周吃几次，认识到这点让我很震惊。”亚历克斯说。在意识到这一点后，他开始更多地从家里带午餐。

亚历克斯还调整了许多其他习惯，这些习惯都是预算帮助他发现的，比如购买他并不真正需要的电子科技产品，在游戏上的花费远远超过他料想的。这很快就为投资和建立现金缓冲腾出了资金。在我写这篇文章的时候，亚历克斯目前花的钱已经是两个多月前节省下来的了。他用11月中旬收到的薪水完成了1月份的预算。这个缓冲对亚历克斯的精神状态有很大的影响。

“我从来都不觉得自己需要薪水。”他说，“我当然会一直拿着它，但我并不依赖下一份薪水来生活，甚至也不依赖下四个月的薪水。即使是提前拿到一份薪水，也能从日常生活中减轻很多压力和烦恼。”

亚历克斯的财务状态缓和了，也帮助他解除了对信用卡的依赖。他仍然拥有四张卡，因为它们都能提供极好的积分奖励，但现在都是自动转账还款。他确切地知道他花了多少钱在什么项目上，而且当账单到来时，钱就在他的账户里。实际上，他现在唯一想到信用卡的时候就是他登录去兑换积分奖赏。

最大的好处是亚历克斯在他的投资目标上取得了很大的进步。“因为我知道我的钱在干什么，我也知道我能存多少钱或投资多少钱。”他说，“我每周都有 100 美元的存款存入我的投资账户，我知道我可以这样做，因为我提前做了预算。”整幅画的价值远远超过在这里或那里的碎片。

亚历克斯的经历很好地提示了我们，后退一步的力量。一旦他的发薪间隔期的压力消失了，他就会有足够的大脑空间去思考他能做出的小改变，这些小改变会带来巨大的成果。

## 不仅仅是超级富豪

我知道，如果你负债累累，或者过着一份依靠薪水的生活，那么让你的钱“变老”似乎是不可能的。每一美元都可能在到达你的账户之前就被认领了。但实际上，任何人都可以做到这一点，不管你的资金状况如何。

如果你想有意识地让你的钱“变老”，你可以单独存钱。你知道你每个月要花 4000 美元吗？努力节省 4000 美元。当你达到目标的时候，在一个新的月开始的时候使用这笔钱，而不是你即将到来的薪水。现在你的钱已经“满月”了。

无论你的方法是什么，实现你的“规则四目标”归根到底就是支出低于您的收入。我知道你以前听过这个。这就像被告知节食和锻炼会帮助你减肥一样，但两者都是正确的。就像变得更健康一样，有一个合适的结构来帮助你达到目标。在这种情况下，结构就是“你需要一套预算”（YNAB）的规则。

让你的钱“变老”其实只是遵循第一条规则至第三条规则的副产品：

**第一条规则**使你更清楚你的钱在做什么，并帮助你停止在对你不重要的事情上花钱。这让你快速找到支出小于收入的途径。

**第二条规则**对你的金钱“年龄”有很大的影响，因为它能让你为更长久的花销存钱。由于这笔钱不会马上消耗掉，所以它就在那里并逐渐“变老”。第二条规则还可以帮助你认识到，有些未来的义务比当前的“需要”更重要。这句话的意思是：“把钱存起来以备下个月的房租，而不是这个星期出去吃午饭，这是在推迟用钱的时间。”这些微小的决定有助于保持手中的资金，让它们可以逐渐“变老”。

**第三条规则**会让你不断调整和适应，这会让你在长期预算中保持平衡。如果你不在游戏中停留一段时间，你的钱就没有机会“变老”。第三条规则还能让你对最终的底线负责——这能防止你退后不前。

## 短期疯狂

如果你想快速让你的钱“变老”，还有另一个解决方案：冲刺。

冲刺是一段很短的时间，在这段时间里，你会采取极端的措施来积累额外的现金。一旦你有足够的钱来支付一个月的开销，你就会正式脱离薪水支付周期。把自己推到极限，当你觉得你不能再做的时候，记住这只是暂时的。在冲刺的最后，你会在终点线上摔倒。你不想再跑一步。你不应该长时间保持这种状态。这就是为什么它是冲刺。你可以尝试一些事情：

**找第二份工作**。如果在家照顾孩子，不适合外出，那就找一份在家的职位，然后在孩子睡觉的时候工作。网站 WeWorkRemotely.com[①] 是一个寻找信誉良好的远程办公工作的好网站。

**选择自由职业或做零工**。搜索在你的行业中发布临时工作的网站，同时也要充分发挥利用自己的才能带来收入。你强壮吗？提供搬运服务。你能缝制吗？开始为别人缝制衣服。你手巧吗？你会刷墙吗？修理电脑？安装吊灯？派对策划？我们常常认为自己的才能是理所当然的，而其他人却愿意花大价钱去买我们所做的事情。在社交媒体上推广你的服务，创建一个网站或将您的服务发布到公告栏上。你最终可能会得到一笔小生意（或大生意）。

**卖你的东西**。看看你的房子。你最小的孩子已经长大了，你还需要那辆慢跑的婴儿车吗？你打算用跑步机当储物架吗？翻翻壁橱和地下室，整理你的车库。我保证你会找到很多你不用的东西。如果你不想摆个二手商品摊儿或者在网站出售二手商品，可以考虑一下寄售你的衣服。在亚马逊上出售你不想要的书，在克

① WeWorkRemotely.com 是一家招聘信息发布网站。

雷格列表（Craigslist）[1] 或脸书（Facebook）[2] 网站上出售衣服和玩具。每件商品不一定都能卖很多钱，但它更快，你可以利用你节省的时间通过你的兼职赚更多的钱。

**坚持不花钱**。记住，这是一个冲刺。它不是永久性的。你可以在短时间内做任何事情，对吧？是的。是的。你可以的。所以，你要为一个月不花钱而疯狂努力。我说的不是减少你不关心的事情的开支，那只是预算。我的意思是不要在你喜欢的东西上花钱。在你的冲刺阶段，几乎所有的花销都要取消。不要只是减少外出就餐——要杜绝外出就餐。不要去看电影。剪掉任何花里胡哨的东西。在你的储藏室里挖出你大部分的食物，只花钱买易腐烂的食物。享受免费的乐趣：徒步旅行，骑自行车，在厨房里享受野餐。

**外包你的东西**。想想你拥有的（你没有卖掉的）别人会看重的东西。你有面包车吗？再一次，把东西搬出去——或者把它租给别人，让他们自己搬。如果你觉得使用爱彼迎（Airbnb）[3] 之类的服务很舒服，可以暂时把房子租出去，和朋友住在一起。你可以利用网络出租任何东西：工具、自行车、汽车、停车位、衣服。你甚至可以出租你的 Wi- Fi。搜索一下吧。

---

① Craigslist 是由创始人克雷格·纽马克（Craig Newmark）于 1995 年在美国加利福尼亚州的旧金山湾区地带创立的一个网上大型免费分类广告网站。该网站上没有图片，只有密密麻麻的文字，标着各种生活信息，是个巨大无比的网上分类广告加 BBS 的组合。

② Facebook（脸书）是美国的一个社交网络服务网站，创立于 2004 年 2 月 4 日，总部位于美国加利福尼亚州门洛帕克，主要创始人是马克·扎克伯格（Mark Zuckerberg）。

③ Airbnb 是 AirBed and Breakfast（“Air-b-n-b”）的缩写，中文名：爱彼迎。爱彼迎是一家联系旅游人士和家有空房出租的房主的服务型网站，它可以为用户提供多样的住宿信息。

如果你冲刺几周后，感觉无法忍受，你可能正以恰当的速度前进。继续。你有一个目标，你可以做到。你很快就会恢复正常的生活。这是值得的。

## 找到隐藏的意外之财——然后是预算，预算，预算

西莉亚和科里·本顿和他们的三个孩子住在北卡罗来纳州。他们使用“你需要一套预算”（YNAB）已有一年半的时间，当他们的第三个孩子即将出生时，他们已经在自己的现金流中建立了一个为期两周的缓冲。这是一个巨大的帮助。在使用“你需要一套预算”（YNAB）之前，他们总是在发薪之前，因为紧张和恼怒而跳脚。

科里的全职工作是实验室技术经理，工资用来支付他们生活的大部分账单。他每两周领一次工资，半个月的薪水相当于他们全部的房屋贷款。科里下半个月的薪水可以支付他们的其他开支。理论上是可行的，但在使用“你需要一套预算”（YNAB）之前，他们的大部分支出都花在了信用卡上，他们常常不知道科里即将到来的薪水能否支付其他账单。这意味着在他们开始使用“你需要一套预算”（YNAB）之前的几年里，他们偶尔会入不敷出。他们渴望能够得到喘息机会。

他们的救世主登场了：一月三次领薪。科里每隔一周的星期五领一次工资，这就意味着他每年中有几个月能拿到三张支票。第三份薪水是在他们开始使用“你需要一套预算”（YNAB）后不久发放的，西莉亚把它视为救命稻草，他们急需的缓冲器！支票一到，西莉亚就把它编入下个月的按揭还款预算中。然后，下

个月的第一张支票支付了他们每月剩下的支出。就这样，他们走出了依靠工资过日子的漩涡。他们终于领先了。他们正在努力延长他们钱的使用年限，但就目前而言，仅仅这两周就会产生很大的不同。

但随后一个新的挑战出现了：他们儿子即将诞生，这会产生费用。他们必须以现金支付西莉亚和孩子的保险免赔额，加上孩子出生费用的20%。西莉亚兼职做家教，为了存钱，她可以多干几个小时。他们还削减了开支，但他们不可能在分娩前存够全部的钱。这时西莉亚开始重新审视。

“我们需要一笔新的意外之财来帮助我们实现目标，”西莉亚回忆道。“我在查看科里的灵活消费福利时，突然想起他们有一个健康奖励计划。如果你达到了某个目标，他们会把钱投入你的弹性消费账户中。”

西莉亚和科里一起达到了他们能达到的每一个目标。科里使用计步器完成了一项步行挑战，因此获得了100美元的奖励。他们每人每年的体检费用都是150美元。他们每次通过电话参与减肥和锻炼等健康指导都能得到300美元的奖励。他们得到的最大回报是：当西莉亚打电话报名参加怀孕课程时，他们得到了700美元。这个项目给科里和西莉亚带来了一大笔横财。只是坐在那里就得到了钱，所有的钱都用来支付孩子的出生费用。

请记住，意外之财不仅仅是意外的遗产或年终奖金。它们可以是任何现金的增加：税务退款、一月三次发薪、雇主福利、加班费。这里的重点不是额外的钱（记住，这不是关于钱）！无论你是急于建立一个缓冲，还是在寻找支付一大笔费用的方法，如果你把这些小的资金预算在你的首要任务上，这些小的资金将帮助你获得成功。

## 第四条规则：规定钱的“年龄”

如果你只靠薪水过活，那么靠“旧”钱生活就像白日梦。记住，这并不是富人独有的奢侈品。一些事情你可以尝试：

- 设定一个目标，把你每个月的开销都存起来。当你达到目标的时候，用这笔钱为新的一个月做好预算。你的下一笔薪水可以转到下个月。你钱的年龄是“30天”。
- 拥抱冲刺。尽可能长时间不花钱。此外，还要以创造性（和合法）的方式迅速地带来额外的收入。你存的钱或赚的钱都会直接存进你下一个月的储蓄里。
- 下个月的横财。我们都有过这样的经历。如果你的钱没有你想要的那么“老”，那就把这笔横财用在未来一个月的预算上，这样你就能获得成功。压力的缓解会比任何新消费带来的暂时的快乐感觉要好得多。

记住，任何人都可以做到这一点——这需要目标设定、坚韧和耐心的巧妙结合。这完全值得。

# 第六章

# 像夫妻一样做预算

如果你曾经有过恋爱经历，你会知道这些具有里程碑意义的第一次有多么令人兴奋：第一次约会（我和朱莉，在一家餐馆分享一个主菜）；初吻（三十岁的本田车里）；玩 2002 版“地产大亨”游戏时第一次吵架，意识到她不会抛弃你。但第一次谈钱呢？它通常不会进入任何人的前十名。老实说，这件事儿更像是房间里的可怕怪物，而不会令人兴奋。

没有人会因此而受到指责——事情出错的机会太多了。你不想听到你爱的人负债累累，或者当他认为信用卡是一种超级便利的方式来支付房租时，他的薪水发晚了。或者也许那就是你，你知道你需要做得更好，但是你担心真实的财务状况，会毁掉你正在努力做的好事。此外，我们都听说过关于大多数恋爱关系是如何因为金钱上的分歧而结束的。这个话题看起来就像是感情问题的雷区。

除此之外，人们很少与你谈论爱情和金钱。你在恋爱结婚的不同阶段会得到各种关于约会、婚姻、如何抚养孩子的建议。但没人提钱的问题，对吧？我们大多数人甚至不知道如何和伴侣提起这件事。

那么，如何从不可避免的痛苦中解脱出来呢？惊喜来了，你们俩都需要一个共同的预算。如果你觉得预算比谈论钱本身更糟糕，那就跟我来。这真的很有帮助。在一个非常基本的层面上，当你从预算的角度来谈论你的钱时，会更容易一些。现在不是关于你的债务或我的债务，我的支出或你的支出，而是关于如何在共同的预算范围内运作。预算就像中立的第三方，让对话立足于现实。没有预算，我们的不安全感和对金钱的误解会扼杀我们进行坦诚对话的机会。财务情况也在不停变化，尤其是当两个人卷入其中的时候。预算让一切都变得清晰可见，更不易引起误解。

最重要的是，预算给了你们一个共同设计生活的框架，并在一个具体的框架内谈论你们的希望和目标。你们不再只是一起做梦——你们正在制定一个切合实际的行动计划。

一起做预算的机制和单独做预算并没有太大的不同：新钱来了，你把工作分配给这些钱，然后你按照计划支出，但相似之处到此为止。这就是为什么我花了整整一章的时间来讨论夫妻的预算问题。

首先，除非双方都同意预算，否则你无法为你的钱或你的生活制定计划。这就是为什么很多夫妻会碰壁的原因。你可能喜欢预算这个主意，而你的伴侣却把它看作是一个让人窒息的装置。仅仅是听到预算这个词就可能引发恐惧和恐慌。

你说：亲爱的，我想我们应该开始做预算了。

她听到说：亲爱的，我想是时候管束你，开始对你的支出细节管理了。

你说：宝贝，我想替换一下旧露台的地板。让我们开始存钱吧。

她听到说：宝贝，你凭什么认为我们能负担得起更换地板的费用？你对理财一无所知。

你说：亲爱的，我不确定我们是否把钱花在了该花的地方。

她听到说：亲爱的，我这个月给你的零用钱你用的怎么样？

如果你的伴侣不认为他或她是“擅长财务”的人，这种抗拒可能会很激烈。他可能害怕知道他（和你）花钱的真相，或者争辩说你不需要预算，因为你生活舒适，银行里有现金。另一些人忙于赚取可观的收入，他们不想被预算的细枝末节所烦扰。

如果你很难让你的伴侣相信预算很重要，那么你一定要非常清楚你所说的“预算”是什么意思。“没有人会被细节管理或束缚住。”关键是要真正感到自由和具有力量。一起做预算意味着你们一起工作是为了实现共同的目标，而不是为了你的伴侣。你让他（她）和你一起做预算是因为你想让他（她）对你的钱有发言权，而并不是相反的意思。

## 了解你伴侣的资产

当你和一个人在一起的时候，你会学到很多：他们的习惯，他们的怪癖，还有那些让他们抓狂的事情。当你自己的特质展现出来时，你会发现它们是如何影响你的伴侣的。也许你没有想到，你总是听着音乐洗澡，星期天晚上预约踢足球，还喜欢熨内衣。看起来很正常，直到你们搬到一起，你发现早上 6 点的即兴演奏让你的伴侣心烦意乱，因为人家 7 点才需要起床。不久，你发现她周日也要看球，而且她真的不在乎你怎么处理你的拳击内裤。

无论你认为自己有多适合合作，合作都需要一个学习过程。当你们一起开始做预算的时候也是如此。预算会让你更清楚自己的花钱习惯和期望，尤其是它们如何影响你的伴侣。

如果你们住在一起，一起做预算，你很快就会发现“学会和你一起生活”和“学会和你一起做预算”之间有很多重合之处。

溢出效应会影响一切，从设定空调的温度到饮食习惯。你心目中的“和平”意味着你可以在大多数晚上自由地叫外卖，这样你就不必担心做饭的问题。你的伴侣可能希望每天晚上做饭来放松一下。如果不了解彼此的一些基本情况，你们的关系就不会有多大进展。

当我们说到钱，有三件事你需要了解你的伴侣，他（她）们也需要了解你：

**你花钱的习惯**。你的日常理财行为是什么？你是在工资一到就把钱存起来，还是当月底有剩余才存钱？当你买东西的时候，你是痴迷于寻找最划算的东西，还是以全价购买名牌商品为荣？你的目标是全额偿还信用卡账单，还是仅偿还每月最低还款额？

**你对金钱的看法**。你对金钱有什么长远的看法？如果你在银行里的存款不足八个月，而你的伴侣打开香槟庆祝自己手头有足够的钱支付房租和披萨时，你应该意识到，你们应该尽早了解彼此。这并不意味着你不宽容，但你需要找到一种方式让你们的不同观点能够共存。

**你们分别带来了什么**。不管你们是各自带着一大笔债务，还是带着一大笔现金，你们都需要谈谈这件事。你将如何处理？这对你的预算意味着什么？你愿意在你的预算范围内帮助你的伴侣偿还助学贷款吗？有无数种方法可以处理众多的情况。重要的是要认识到，这可能存在有无限的误解甚至感到耻辱的可能。但是明确你的计划、你的想法和你的感受是前进的唯一途径，你们可以一起决定当你们两个世界相互融合时，现实会是什么样子。

当你们开始做预算的时候，有很多东西需要彼此了解，所以慢慢来，对自己和你的伴侣坦诚相待。你可以通过几次对话了解对方基本的理财知识，但是了解你伴侣的理财行为是一个长期的探险过程。

## 当不同的金钱观念一起成长时

我们对待金钱的个人态度有时源于我们的成长经历。你可能会对伴侣的财务状况感到震惊，或者对你们有着相似的背景感到兴奋。无论哪种情况，一旦你知道你们每个人都能带来什么——从你的剩余债务到你的习惯——你就能找到一种共存的方式。

劳拉的父母是西西里岛的蓝领移民，他们认为让孩子了解“一美元的价值”至关重要。在父母的鼓励下，劳拉 15 岁时找到了第一份课外工作，在当地一家窗帘店工作。当劳拉拿到第一份工资后，她的妈妈立即和她开了一个联名支票账户，还有一张联名信用卡。劳拉的初始银行存款是第一份薪水：185 美元。

然后课程开始了：这是你如何为你的信用卡写一张付款支票。这就是你如何从你的银行账户中扣减资金的方法。你可以在这里看到你还剩下多少钱可以花（或存起来）。

现在，15 岁的劳拉，意识到她的支票账户资金，只会意味着明白自己是否能够承担新的 Pearl Jam[①]（珍珠酱，90 年代美国摇滚乐队）的 CD。赌注不是很高，除去她迷恋艾迪·维达（珍珠酱，Eddie Vedder）[②] ——但是她采用了实际的方法来度过青春期，这对她帮助她做出明智的选择产生了巨大的影响。

---

① Pearl Jam，珍珠酱，是美国的一个乐队。

② Eddie Vedder（艾迪·维达），本名：爱德华·路易斯·西弗森三世（Edward Louis Severson III）是一位美国歌手，词曲作者，吉他手。

在劳拉成长的过程中，她的妈妈并没有告诉她，偿还信用卡最低还款额是一个选择。劳拉被告知，如果你没有钱还全款，你就不能使用信用卡。她认为这是生活的事实（嗯，她是对的）。她最终意识到，从技术上讲，积累消费者债务是一种选择，但到那时，这个想法听起来很荒谬。她更喜欢她那个只会花钱的方法，只是因为更简单。

事实上，劳拉的成长经历是非常罕见的。许多人成长在从不讨论钱的家庭——尤其是和孩子们。劳拉的丈夫欧文记得，他 12 岁的时候，因为问父母是富人、穷人还是中产阶级而被责骂。他在新闻中听到了这些术语，意识到自己不知道自己的家庭属于哪一类。他们住在一个舒适的房子里，他从来没有看到他的父母在购物时退缩，但他不知道他们是现金滚滚还是负债累累。现在，25 岁的他仍然不知道。

欧文在大学里收到了第一张信用卡，是通过直接邮寄的方式得到的。他可以买任何想要的东西，他喜欢这感觉，而且只需要支付每月最低还款额。“这是财务自由！”欧文毕业时已负债几千美元。幸运的是膨胀的账单足够吓到他停止使用该卡。

当欧文决定向劳拉求婚时，他的信用卡上还欠着 7000 美元——他很紧张，不敢告诉她。他注意到劳拉花钱很务实。他只是觉得她不会和他那些无忧无虑的日子关联在一起，那些他和室友们一起看电影，一起爬楼的日子。但他觉得如果不告诉她真相，就不能向她求婚。这对她不公平。

把这个消息告诉劳拉并不像他想的那么可怕。她解释说，她大学里的大多数朋友每天都刷信用卡，她总是想知道他们是怎么付账还款的。大多数人的答案是：他们没有。她没有评判欧文，而是把他的债务偿还视为一个需要解决的挑战。他们怎么能在合理的时间内拿到7000美元呢？她想起了欧文从祖父母那里继承下来的那辆八年车龄的本田车。他过去常常开车去学校，但现在他们都住在纽约市，那辆车停在他父母在新罕布什尔州的车道上。如果他卖了车来付信用卡账单怎么样？

欧文照办了。他把太多的精力花在担心劳拉会如何看待他的债务上，以至于他的头脑都不清楚了，不知道如何才能尽快摆脱债务。他很少用车。如果他们想周末开车出城，可以很容易租一辆。他以6000美元的价格卖掉了本田汽车，并立即将其用于偿还债务。1000美元的余款，感觉更容易管理。接下来，他可以集中精力存钱买戒指了。

无论你的经济状况有多糟糕，都要督促自己对伴侣坦诚。你永远不知道——她可能也担心和你分享她的财务状况。如果你们的关系很牢固，你的伴侣可能会提供精神上的支持，即使这只是为了帮助你更清楚地看到自己的处境。你也可以为她做同样的事。记住，你们在一起。

## 你的第一个预算约会

还记得你和伴侣的第一次约会吗？你们俩都在尽力表现，互相询问关于你们的希望和对未来的梦想。实际上是在倾听，在对方说话的时候甚至没有看过你的手机（当然你现在也不这样做了）。

你们的第一个预算应该以相似的方式开始——从你的第一个预算约会开始。当你开始做预算的时候，你会有每月的数据分析会议（我们仍然喜欢把这些当作约会）。但首先，你的第一次约会不应该涉及到数字。只专注于我们在“你需要一套预算”（YNAB）所说的第零条规则。

第零条规则是决定对你来说什么是最重要的一个过程。这是预算的基础。如果不清楚自己看重什么，你就不可能深入了解第一条规则。

你可以用你的第一个预算约会，从三方面探索规则零：对你个人来说什么是最重要的，对你的伴侣来说什么是重要的，以及你们作为夫妻共同珍视什么事情。这些会发展成你的预算优先事项，因为当你作为夫妻一起做预算时，你的预算会有三种优先事项：“你的”、“我的” 和 “我们的”。

揭示所有优先事项的唯一方法就是交谈。想法重要，态度开放，分享你的希望和担忧。这些对话看起来确实很像初次约会的话题，只是现在你不必担心会吓跑对方。你的伴侣可能已经知道你是否痴迷于收集《星球大战》（Star Wars）中的人物玩偶，如果她还是和你在一起，当你说给你的收藏品分配资金是你的首要任务时，她也不会感到惊讶。真爱会占上风。

同样，你不可能在一次谈话中学会所有的东西，所以，在你第一次约会时，先确定作为个体和夫妻的，一些广泛的优先事项。你想在办公空间租张桌子，这样你就可以完成你的小说了吗？你的伴侣是否想投资于编程课程，以便转行？你们俩都想存钱买房子吗？为即将出生的宝宝准备经济保障？去斐济旅行？忘掉这些数字，利用这段时间谈谈你希望你们在一起的生活是什么样的。

如果你需要一段时间来掌握它，请不要担心。谈论钱并不容易。给自己充足的时间和大量的练习。

## 导引“你的、我的、我们的”目标

“你的、我的、我们的”目标。在预算关系中，如果你没有意识到这三组优先事项的存在，并且没有公开谈论它们，你就无法在预算关系中走得更远。不管你们的关系有多牢固。如果你们彼此不清楚什么对你们个人来说是重要的，以及你们作为夫妻共同的目标是什么，“假设”就会成为障碍。你很容易认为你和我有同样的优先权，或者“我们”的优先事项总是比“我的”更重要。这些安静的假设让夫妻俩在完全没有必要的情况下，感到紧张。

保持清晰优先顺序，预算压力缓解是沟通的关键。

有时甚至很难决定优先级是你自己的，还是你和别人分享的。如果某件事对你有利，它会让你更快乐、更健康、更成功，难道你就不能说这对双方都有好处吗？甚至是你的整个家庭，如果你有孩子了。你可以，如果你们都同意这一点，把它作为一个共同的优先级也没有什么错。但是，这种方法可能会让您的预算中有大量的共享优先级，从而挤占你的个人事项。

我建议你把你的优先事项归结为几件事——大约每人一件，两人一起做。你可能有比这更重要的事情，但请努力将自己的个人优先事项放置一边，然后花更多精力在共同优先事项上。因此，也许婴儿坐垫和斐济之行变成了共同的优先事项，而装饰办公空间是你自己的。同时，学习编程课程是你的伴侣个人的事项。也许你认为应该先付房子的首付款，但你同意暂时不再为它提供资金，因为其他事情更重要。只要你们一起做决定，怎么做都没关系。

我的朋友托德和他的妻子杰西卡在预算上花了足够长的时间，以至于他们的预算日期可以随时调整。在他们的谈话中（以及杰西卡的调侃中），托德最看重的事情之一就是跑步。他是一个狂热的跑步者，需要为装备、按摩和参加比赛、旅行等事情安排一大笔钱。当杰西卡开始自己创业时，旅行、会议和培训成为她新的个人优先事项。对杰西卡来说，投入时间和金钱来发展她的技能和职业网络是很重要的，这样她才能发展她的事业。

托德本可以辩解称，他的跑步费用是大家共同的优先考虑事项，因为跑步让他保持理智，让他成为一个更好的丈夫和父亲（他确实相信这一点）。杰西卡也可以提出同样的理由，认为发展自己的事业会让她成为一个更好的妻子和母亲。那么他们有共同的目标吗？当然，在某些方面，托德和杰西卡决定把它们作为个人的优先事项。杰西卡觉得花这么多钱买跑鞋太疯狂了，但她相信托德。托德不知道投资建立杰西卡公司的最佳方式，但他信任她。因此，他们把这些决定留给彼此，把共同的努力集中在其他目标上。他们俩都喜欢翻修楼上的浴室，并带孩子们再来一次漫长的夏季旅行。

这对每个人都是适用的：托德可以自由地花钱跑步，杰西卡可以做自己的生意，而且他们都很乐意优先为旅行和装修存钱。他们会在其他不那么重要的目标上做出妥协。没有正确的方法来划分优先级——他们只能坐下来一起决定。

朱莉和我共享的两大优先事项是家庭度假和每周的约会之夜。我们喜欢和孩子们一起旅行，所以我们每年至少要旅行一次，要为此而存钱。我们对每周的约会也很严格，包括请保姆照看六个孩子（我们试着让 12 岁的波特来照看孩子一次，但他最后只是对他的兄弟姐妹颐指气使。我们正在等 8 岁的莉迪亚足够大了，来照看弟妹。她会干得很好）。

有时我们的约会地点是在一家很好的餐厅。我们喜欢在外面吃饭，因为朱莉是一位出色的厨师，除非我们正在吃朱莉不会在家做的食物，否则感觉不值得。其他时候，我们的约会是在好市多里（Costco）[①] 闲逛，没有小孩。在没有孩子们为买哪种有机兔粮争吵的情况下，我们可以在货架上随意浏览和品尝样品。只有我们这样吗？

朱莉个人最看重的东西之一是漂亮的家具。如果由我决定，我会把宜家的家具装满我们家，然后不再考虑它们。朱莉恰恰相反。她喜欢我们拥有的每一件家具。她宁愿有一个空房间，也不愿在里面摆满她并不十分喜欢的家具。有人可能会说，家具是一项共同的开支，就像托德和杰西卡的装修一样，而且在大多数方面都是如此。不过朱莉和我决定把这件事作为她个人的首要任务，这样她就可以完全控制我们买什么家具了。我们也把更多的钱投入到这类项目中，而不是像对待共享费用那样。

多年来，我个人最看重的是去年买的特斯拉 Model S 汽车。我存了好几年的钱，我知道我一直在谈论这件事，把朱莉逼疯了。我想当我们买下它的时候她松了一口气，这样她就不用再听我唠叨了。她根本不在乎我们开什么车，所以虽然这是一辆家庭用车，但我的首要任务是买辆特斯拉。现在我们有了它，我个人

① 好市多（Costco）是美国最大的连锁会员制仓储量贩店，是会员制仓储批发俱乐部的创始者，在 2009 年是美国第三大、世界第九大零售商。

的新重点是滑雪装备。

一旦你开始接受“你的”、“我的”和“我们的”优先事项，你就一定能从对方身上学到新的东西。你可能也会惊讶地发现，当你知道你的个人目标——从负责任的目标到古怪的目标——在你的共同生活计划中占有稳固的位置时，是多么的自由。

## 一堆共享的钱

我强调“你的”、“我的”和“我们的”的重要性，是因为涉及到优先事项的源头，但当涉及到你们的资金来源和流向时，情况恰恰相反。在“你需要一套预算”（YNAB）中，我们鼓励夫妻把所有的钱放在一个共同的银行账户里。信用卡也是如此。保留一张，或者如果你更喜欢每个人都保留自己的信用记录，那就限制每个人只能拥有一张信用卡。

这并不是说，如果单独的账户对你来说运行良好，你就做错了。和预算中的其他事情一样，你决定什么最有效。我们主要鼓励使用联名账户，因为它很简单。只有在可变化部件较少的情况下，你才更容易管理你的钱。四张信用卡比一张更难管理，即使你的花销完全在预算之内。所有这些管理都会影响重要决策，并且往往会导致决策疲劳。与其谈论目标和抱负，你还不如谈谈钱从哪里来，需要流向哪里等等这些。

撇开技术的细枝末节不谈，联名账户还能让你不必担心谁赚了多少钱。你们已经承诺成为一生的伴侣。谁挣多少并不重要。这是一个共同的资金池，为你们共同的生活提供资金。拥抱它，接受它，在旅途中相互支持。

## 用“你的”、“我的”和“我们的”来应对压力

你从第五章就知道西莉亚和科里·本顿了。他们的缓冲策略使他们摆脱了对工资依赖后不久，西莉亚和科里坐下来重新审视他们的优先事项。他们靠自己的预算生活，日子过得很滋润，但科里总是拒绝谈论数字，与此同时，西莉亚需要谈论数字才会有信心。他们的谈话变成了一种坦诚的宣泄，表达了各自想要的生活是什么样子。虽然他们的工作重点各不相同，但他们都有一个共同的主题：西莉亚和科里都希望自己的预算能减轻压力。

他们共同的优先事项是偿还债务。他们一致认为，如果他们知道自己在债务问题上取得了实实在在的进展，压力就会减轻一些。达成一致。

科里最优先考虑的并不是处理预算问题。这是真的。科里患有焦虑症和抑郁症，谈论钱会增加他的压力。西莉亚负责预算，她知道科里不喜欢讨论这个问题（这就是她建议优先事项检查的原因），但她不知道预算问题有多困扰他。知道实际上“不必谈论预算”这件事本身就是一件很重要的事，这对西莉亚来说是一个很大的帮助。在他们共同偿还债务的优先权完好无损的情况下，她知道自己做出的任何其他决定都是公平的。

“作为不需要处理预算的一种折衷，科里对我做的任何金钱决定都很满意，”西莉亚说。“如果他想要但是没有分配钱给他，他会理解的。如果我们一个月没有去餐厅吃饭，他知道这是因为有更重要的事情需要现金。这对我们有用。他更冷静了，我也不再担心他对某个金钱决定的看法。当我不问他时，他会更开心。”

对西莉亚来说，她减压的重点是找人帮忙打扫房间。科里同意了，打扫房屋现在是他们预算的一部分。“我们一致认为，当我做预算时，打扫房屋的工作排在任何非必需品之前。不幸的是，我们还没有为我们的第一次大清洁提供足够的资金，但是知道这是预算优先事项对我来说是一种压力缓解剂。每次我把钱转移到那个目标上，感觉都很棒。”

## 保持你每月的预算约会

好的，所以你最终需要坐下来一起看看这些数字，但我保证，这不必是一个痛苦的约会，讨论谁花了什么钱，你在想什么。这是应该做的最后一件事。

你需要这些小会议，这是一个安全的空间，在那里你可以开诚布公地交谈，倾听你的伴侣，并作出妥协。是的，你在计算数字，但请记住，这实际上是为了保持在正轨上，实现你们共同设定的目标。把每月的家庭会议当作一次约会（而不是一次正式会议），保持温暖和顺的气氛，抱着平板电脑（iPad）蜷缩在沙发上，喝点可可。或者去咖啡馆，边吃甜点边聊。

我知道这说起来容易做起来难。这确实是真的：你关于金钱的谈话不会因为我告诉你应该这样，就变得温暖和诚实。唯一能让你们在约会中产生这种氛围的方法就是把预算作为你们日常生活的一部分。如果你们都有实现目标的动力，你会发现这是很自然的。

也许你一个月只看一次预算，但与人分享预算会一直影响你的谈话和行为。当你向伴侣说话时，有时你会直截了当地承认这一点，“哦，我今晚真的可以出去吃寿司了，但是我宁愿把这笔钱用于下个月的旅行上”。或者，当你们一起制定购物清单，来保证开支在每个月的计划之内。其他时候，这句话是不会说出来的，比如你们俩在好市多卖场的电视机前（总是在你们一走进来的时候）停顿一下，两眼瞪得死死的。你停了一秒钟，然后继续走，因为你们都知道你们的不那么智能的电视还能用，而且你们更愿意把那笔钱留着换冰箱（新冰箱就在下面几条过道里摆放着）。

你们在每天的互动中执行你们的策略。和任何团队一样，你在计划中联系互动得越多，你就会变得越强大。想想看：飞行员和空中交通管制员在停机坪上可能会就某些决定达成一致，但他们也需要在飞行途中保持沟通，以便根据需要调整计划。同样，如果你们一个月只谈一次预算，你也不能指望预算能奏效。当你做出消费决定时，你需要与他人沟通。

如果你每天都与自己的预算保持联系，那么每月的预算会议交流就会相对容易一些，甚至会觉得是多余的。30 分钟应该足以用来回顾前一个月的情况，并为下一个月制定计划。你做得越多，就会做得越好。几个月后，你们的预算会议可能只需要 10 到 15 分钟（但希望这段时间能长得多）。

让这四条规则指导你的交流会话。如果你刚刚开始，先确定你的优先事项（在你的第零条规则明确之后）。然后执行**第一条规则**，一起把钱分配到事项上，这样你们俩都能意识到自己的月度目标。在最初的几个月里，你可能会预测某些消费类别的费用，比如燃料或日用杂货。这很好！你们在一起预算的时间越长，你们就会对自己的花销有一个现实的看法。很快，你的每月预算约会就会变成实现目标的策略会议。

当你设定优先事项和分配工作时，你自然会转向**第二条规则**。共同设定长期储蓄目标，并彼此坦诚相待。如果你的伴侣对偿还汽车贷款感到很恼火，而你更关心的是为急需的旅行存钱，那就好好谈谈。记住这三组优先级（你的、我的、我们的），并探究没有说出来的假设是如何引起摩擦的。

同样，对优先事项会改变的这种想法持开放态度。也许你刚开始做预算的时候，你的伴侣很乐意为你的旅行存钱，但是当她看到你在现实生活中花费两个多月存钱以后，她改变了主意。现在她更关心的是帮你还清债务，释放未来的现金。除非她坦诚地告诉你，否则你永远不会知道这一点。她可能不会告诉你，她是否觉得你的月度会议是一个安全、开放的空间，可以分享她的担忧。

**第三条规则**会在你每月的预算日出现，但它真正的位置是在日常生活中，例如此类的谈话。“啊，我们花光了日用杂货的预算，这才买了 17 次！”“我知道我们说过这个月不花钱买衣服，但是我要和总裁吃晚饭，我最好的裤子不合身。”“我们怎么忘了为你妈妈的生日做预算？”当你在每月的预算会上修改目标时，你会“避其锋芒，顺势而为”。但第三条规则从来就不是每个月只说一次。如果你们中的一个人注意到你们偏离了轨道，或者生活与你的预想不一致，花点时间一起决定你将如何调整——不管这个月的哪一天。

**第四条规则**是衡量你整体表现的一个很好的工具。你可以通过即将到来的工资来快速了解你的钱的年龄。你会知道你的钱根本没有变“老”——也许它的年龄甚至是负数——如果你继续期待用下一张支票来平衡你的预算。这些对话可能是这样的：

“当你（我）的下一笔工资发下来时，我们将能够做……”

“给这个月剩下的时间做做预算吧。”

“把钱留给我们超支的项目中吧。”

“下周再付账单还款吧。”

如果这是你家的情况，别担心。你们一起做预算的事实会让你们走出依靠工资的日子，并帮助建立一个“老”钱的缓冲。你只要坚持不懈地追求你的目标就行了。

随着你的钱变“老”，你会发现你对即将到来的薪水的看法完全变了。你不再数着日子，直到那张支票降落并拯救你。现在你有了选择。你可以用它做任何你想做的事！如果未来几个月能让你感到兴奋，那就投资吧。把钱投入到大的储蓄项目中，以便更快地实现这些目标。你有时间，有呼吸的空间和自由——来和你的伴侣进行更多的对话。你的预算会议不再是关于如何实现收支平衡的战略规划，而更多的是关于如何实现你的梦想生活。

## 私人娱乐资金的力量

有一种误解认为做预算就是限制你自己。精打细算意味着再也不能出去吃饭了。没有一个压力释放渠道。你现在知道这是不正确的，为那些带给你快乐的事情做预算是很重要的。

同样的道理，当你和伴侣一起做预算的时候，我们也鼓励情侣们，为你们每个人准备一份“私人娱乐资金”，不要问任何问题。我们仍然希望你拥有那些能带来快乐的项目——外出就餐、购物等等，但“私人娱乐资金”有点不同。在这种情况下，你们两个都不需要回答对方自己用钱做了什么。如果你决定把自己的作品折成纸鹤，然后飞下悬崖，那就是你的选择。当你这样做的时候，你们仍然在一起做预算，因为你们已经就各自能得到多少“零花钱”达成了一致。其余的由你决定。这类似于我之前提到的冲动购物的预算。尽管这些支出本身只是一时兴起，但仍在计划之中。

预算出“娱乐资金”很像高效利用你的时间，然后让你自己有空儿去凝视窗外。娱乐也是有价值的。

你在这方面的预算有多少并不重要。朱莉和我刚开始的时候，我们每个人都有 5 美元的零花钱，但这仍然有很大的区别。我们可以自由地用它做任何我们想做的事情，这让预算困难的日子变得更容易忍受。我们今天仍然这样做（我很高兴地报告，我们现在的零花钱超过了 5 美元），而且我们永远不会放弃。

你们自己做吧。是的，设定你的目标并努力实现它们，但是要给自己留出空间。当你的餐厅预算耗尽时，喝一杯奶昔的想法就是冲动的。当你有那么多事情要做的时候，凝视窗外看一会，冷静一下。

## 夫妻一起做预算

我保证，作为一对夫妻，预算并不像看上去的那么可怕。记住这些要点，你就能让爱情保持活力：

- 当你们开始做预算的时候，要了解对方对于金钱的习惯、对钱的想法，以及你们各自为这个安排带来了什么。

- 设定常规预算约会，让它们保持有趣（你甚至可以为它们做预算）！金钱话题可能不会持续太久，所以也要利用这段时间来讨论你想要共同建立的生活目标。
- 设定“你的”、“我的”和“我们的”优先级，再加上一些不需要询问的事项——为你们每个人准备一些娱乐资金。
- 如果可以的话，把你的银行账户和信用卡结合起来——这意味着你可以少花些时间在应付账单和账户上，这样你就可以集中精力一起做出重大决定。

# 第七章

# 无论你的处境如何，都要偿还债务

我把这本书写的条例很清晰。你现在清楚，我是不会告诉你怎么花你的钱。你的优先级是你自己的，这四条规则旨在帮助你更清楚地知道你想要什么以及如何得到它。我永远不会评判你的消费决定，只要你真的有钱花。无论是钻石狗项圈，美国宇航局制造的高品质无人机，随便什么。如果它让你开心，而且你已经为它留出了钱，那就把它买下来。

可是，我得承认，一谈到债务问题，我就会失去冷静。好吧，我疯了。这是我唯一一次告诉你该做什么，如果我知道它会引起麻烦，我会通过扩音器大声喊出来。你知道我要说什么。我前面已经说过了：

摆脱它。

如果你正在读这本书，我可能不需要说服你偿还你的债务。解决债务问题是许多人经历“我需要一套预算”（YNAB）时刻的一个重要原因，但我想跟你们说清楚，为什么我认为债务是一个问题。大多数理财专家会告诉你，因为你要支付全部利息。支付利息并不重要，但这只是问题的一小部分。

我对债务的看法是它限制了你的现金流。当你为已经发生的事情每月偿还数百美元时（有时数千美元!)，这和“你需要一套预算”（YNAB）想让你做的正好相反。“你需要一套预算”（YNAB）想让你为现在和未来正在发生的事情做出选择。你有工作，你想要你的钱去工作，但当债务出现在画面上时，它甚至会在这些美元到达你的银行账户之前就掠夺走它们。你的选择是有限的。消费债是最大的问题，因为大部分债务都是你根本不在乎的东西，而你当下的首要任务也因此受到伤害。

## 债务从来都不是唯一的选择

债务从来都不是唯一的选择。让这成为你新的咒语：债务从来都不是唯一的选择。如果有必要的话，就把它录下来，反复播放，因为一旦你还清了你的债务，你就不能再回去了。如果你觉得你的目标太大了，或者账单太多了，坚定地相信债务不是一个选择——然后强迫自己想出一个解决方案。正是在这种想法的促使下，在朱莉和我试图偿还账单和为孩子存钱的时候创办了“你需要一套预算”（YNAB）。我不会考虑借钱，所以我想把“你需要一套预算”（YNAB）作为电子表格出售。它改变了一切。如果你坚信债务不是一种选择，你会找到另一种方式来实现你的目标。

*争论的焦点就在这里：房屋抵押贷款或者学生贷款要怎么定义呢？有些必需品太贵了，不能用现金支付。还有一种东西叫作好的负债！*

我经常听到这种说法。我确实同意，并非所有债务都是相同的。到目前为止，最糟糕的是消费债，原因我提到过。然而，由于我已经提及的原因，其余负债仍然不是很好。我判断一笔债务是“好”还是“坏”的经验法则是，你所借贷的东西的价值是否会下降。为一辆新车负债总是一个坏主意，因为一旦你把它开走，它的价值就会下降。二手车的利润损失率会更小，但如果你需要贷款购买，它仍然是坏账。

除非你是在泡沫中买入（或在崩盘中卖出），否则房价一般不会下跌。我仍然以狂热的速度偿还我的抵押贷款，但如果曾经有过关于持有“好”债务的理由，那么房屋抵押贷款在正确的情况下是合理的。这意味着你要为在自己的经济能力承受范围内的房子还贷款，贷款结构要符合你的预算。我在前文提到过，我不同意理财建议，即在住房上花费不超过X%这种指导忽略了太多可能影响你决策的因素（通勤成本等）。所以当我说一个潜在的抵押贷款应该“舒适地符合你的预算”时，你是唯一一个能够根据你更大的生活图景来决定什么是“合理”的人。如果你能弄清楚你真正的优先级是什么，你就能弄清楚什么是“合理”的房屋抵押贷款。

你也知道我对学生贷款的看法（在第六章）。不借钱交学费是绝对有可能得到好的教育的。我做到了，我打算教我的六个孩子怎么做。但这是“好”债务吗？嗯，大学学位的价值不会下降，尽管你需要非常小心。不管这些数字是否与你的生活激情相符，许多行业和研究领域并没有给你所承担的债务带来多少“回报”。

但我明白了：你们许多人已经过了上大学的年龄，而且还被房贷困住了。这很好，对过去的决定痛打自己一顿是毫无意义的——只要专注于消除债务。如果你有孩子，或者计划要孩子，给他们一份礼物，把债务从大学计划中拿出来。政府和私人贷款机构花费了数百万美元，试图让我们相信学生贷款是不可避免的。他们成功了。这是可怕的。自愿联邦奖学金（FAFSA）[①] 的海报

① FAFSA是“The Free Application for Federal Student Aid”（自愿联邦奖学金）的缩写，是给美国公民或者绿卡持有者的资助。

挂在每一所高中，好像它们是必读课本一样的。学生贷款已经变得非常普遍。

债务从来都不是唯一的选择。我坚信这句话，但我也认识到，要想活得无债一身轻，可能还有很长的路要走。百分之八十的美国人有某种债务。年轻一代感受最深：89%的“X一代”（60后70后）[①] 和86%的“千禧一代”（80后90后）[②] 有债务[③]。没关系，只要你对偿还债务表现出强烈的欲望，然后像个疯子一样运用第二条规则来摆脱它

## 为什么急着还我的抵押贷款

当我告诉别人，朱莉和我争先恐后地还清我们的房屋抵押贷款时，人们通常会产生疑问。他们想知道，这个令人惊讶的金钱游戏，是不是他们应该参与的一部分。从技术上讲，是的，如果你偿还贷款的速度快于你的贷款期限，你可以省下一大笔利息。你可以很容易地在网上找到计算器，它能根据你的支付速度显示你能节省多少利息，但这不是我们这样做的原因。

我们的主要动机与财务战略无关。朱莉和我就是喜欢住在没有贷款的房子里。贷款可以让你做一整天的数学运算，但是这种情况

---

① Gen Xers：“X一代”指出生于20世纪60年代中期至70年代末的一代人。

② Millennials：国际上有一个专门的代际术语“千禧一代”（1982-2000出生），英文是Millennials，同义词“Y一代”，是指出生于20世纪时未成年，在跨入21世纪以后达到成年年龄的一代人。

③ 作者注：数据来源：Pew Charitable Trusts，“The Complex Story of American Debt，”July 2015（皮尤慈善信托基金，《美国债务的复杂故事》，2015年7月），网址：http：// www.pewtrusts.org/~/media/assets/2015/07/reach-of-debt-report_ artfinal.pdf.

在某一天结束的时候，不用还房贷真的是太棒了。

我25岁时就设定了目标，在我30岁生日之前还清我们的第一个房子的贷款。我们把目标延长了八个月。我们现在又有了抵押贷款，但我们希望在三年内还清。再说一遍，这里没有什么花哨的财务策略，只是决定把它作为我们最优先考虑的工作之一。我们只是喜欢住在无贷款的房子里，所以我们会优先考虑自己的支出，以便尽快实现。就这么简单。

## 不是那么快——真实的支出优先

所以你和我在一起。你将还清你的债务。你不会后悔的——但重要的是你要以正确的方式去做。虽然我很鄙视债务，但我并不是在告诉你要马上把它们压碎砸烂，当然如果你能做到这一点就太好了，但是在你为你的生活义务和其他最重要的事情做预算之后，先弄清楚你真正能支付多少钱。记住：第二条规则中的许多真实费用都是最重要的，即使它们不是每个月都发生。不要忽视它们。如果你这样做了，你很可能会在“惊喜”账单出现的那一刻再次陷入债务。你会引发矛盾。你的家人会期待节日礼物。你不能忽视你男朋友的生日（真的，你不能）。一旦你为这些不可避免的事情建立了缓冲，你就可以偿还你的债务，而不用担心以后会措手不及。

第二条规则是你的债务解毒剂。用它来计算你能支付多少债务，然后继续使用它，让自己永远摆脱债务。想想规则二和债务是如何运作的：

根据**第二条规则**，你现在分配的钱将用于以后的消费。

根据**债务**，你现在就花费了未来才会有的钱。

第二条规则让你领先。债务让你落后。

一切都回到了为现在和未来释放的现金流上来。记住这一点，尤其是当你在偿还多个债务余款时。许多“摆脱债务”的倡导者和债务滚雪球系统建议，当你偿还完一笔债务时，你立即将你在第一笔债务上的偿还额百分之百转移到另一笔债务上，也许这对你会有用——但不要那么快就放弃那些释放出来的现金。

首先看看你的预算：你能不能用这笔钱更稳健地支付你的实际支出？有没有什么新的优先事项出现？在你刚开始偿还债务时它们并不存在，如果你认为你剩余的债务是你最紧迫的优先事项，那么当然，把这些现金流转到另一个贷款偿还上，但这不是自动的。你在掌控之中。

因此，如果你有多个债务，我们建议你先还清剩余金额最少的债务。我们希望你减少每月的支出，这样你就有更多的自由来决定如何使用你的钱。一切都回归简单。你处理的事情越少——不管是银行账户还是债务支付——你就越需要清楚地知道什么对你来说是最重要的。

## 债务破解法：使用第四条规则消除压力

和大多数 80 后一样，米切尔·伯顿在大学的最后一年也结束了：他很兴奋能够承担起这个世界的重担，但更担心的是这张毕业文凭所带来的学生债务。

他一直以为自己的借贷余额还有很多，但直到 2011 年春天第一次查看自己的贷款总额：10.4 万美元时，他才真正知道自己背负了多少债务。

他被打击了。“我简直不敢相信。我觉得胃不舒服。我给父母打电话说，你知道我们申请了 10 多万美元的贷款吗?”

但是米切尔喜欢挑战，所以他决定尽快还清助学贷款。毕业前几个月，他开始全职工作，倾其所有偿还贷款。

“我第一份工作的收入是 4.5 万美元，每月能净赚约 2000 美元。我强迫自己拿出 1000 美元来偿还贷款，但我仍然需要支付我在芝加哥市中心单间公寓的租金和其他费用。”这句话的意思是:“我一直在为我的钱担心。我让自己位于一个尴尬的处境。我一直为钱挣扎。”

我们大多数人都知道这种感觉。即使你从来没有遇到过米切尔那样的场景，从拿到账单到等待发工资期间急得跳脚的场景也太熟悉了。这是财务紧张的恶果。哪怕是最微小的失误都可能让你陷入信用卡债务危机——而在米切尔的例子中，这将给他已经精打细算的生活造成更多的压力。

米切尔知道他不能在这场经济危机中生存太久，所以他开始寻找解决办法。就在那时，他找到了“你需要一套预算”（YNAB）。

“四条规则改变了我的游戏规则，”他说。“使用‘你需要一套预算’（YNAB）一个月后，我就靠上个月的收入生活。我知道我手头有现金可以支付这个月所有的账单，这是一个巨大的压力缓解。”

那么，他是如何从数着钢镚儿过日子，到仅仅几周后就有了 30 天的缓冲时间的呢？运用策略，然后活下来。

“我面对的是层层叠加的压力。有负债的压力，然后是生活的压力，从发薪日到另一个发薪日，计算出我能负担得起的每一天。那时，这个‘金钱生存游戏’真是让我崩溃了。我知道如果不想办法让‘游戏’停下来，我就要累垮了。”

米切尔掌握了四条规则，他暂停了积极的债务偿还，把这笔钱放到了30天的缓冲中。他的开支仍然很紧，但知道这是为了建立他的缓冲资金，这使他更能忍受精打细算。他的最终目标并不遥远（比偿还那10.4万美元要近得多），他表示，建立现金储备至关重要。

一旦他不再担心自己是否买得起一周的花生酱、果冻和杰克牌冷冻披萨，他就有能力专注于自己的目标。这就是他灵光一现的时刻：我需要赚更多的钱。

他说：“我对自己的薪酬进度感到满意，但我意识到，自己目前的薪水只能到此为止了。”“我花了很多时间和精力，试图从我的预算里挤出每一块钱来。但是，要是我能把这些精力用在多挣点钱上，那就更好了。”

有了这个新的见解，米切尔打破了他大学毕业后的第一份工作带来的平静生活，开始四处面试。当他得到另一份新工作时，他的薪水从4.5万美元涨到6.5万美元。在接下来的两年里，他在那个职位上谈了两次加薪，最后增加到9万美元。他还从事自由职业以赚取额外的钱，这带来了大约1万美元一年的收入。在这段时间里，他一直保持着收入4.5万美元时候的生活状态，每多赚一美元，他就会偿还贷款。

这里值得注意的是，具体的数字并不重要。米切尔很幸运，有一份不错的薪水，但你的薪水也可以从2.5万美元涨到3万美元，或者任何一个收入范围。关键是即使你的收入增加了，也要保持你的消费习惯不变。不要让生活方式悄悄窃取了你的加薪，说服你可以稍微放松一下，专注于实现你的大目标。

同样有趣的是，米切尔最初放慢速度是为了加快速度。他把所有的钱都用来还债，但没有用。所以他退了一步，找出最适合自己的方法，然后继续前进。

米切尔最初的目标是在 30 岁之前还清助学贷款。他 27 岁时就做成了这件事。虽然四条规则很是关键，但他把自己的成功归功于其他几个关键因素：

**第二条规则：**“为真实的支出存钱是我能够坚持下去的一个重要原因。”“我尝试过其他预算解决方案，但在那些系统中根本不存在第二条规则。每次有不经常发生的开销产生，我都会感到压力和沮丧。假期是最糟糕的。当然，我本可以决定不送礼物，但那感觉不像是一个真正的选择。所以我在 12 月减少了还贷额，我讨厌这样。我也喜欢旅行，以至于在我还在还贷款的时候，第二条规则也帮我做了旅行预算。”

**提高你收入的比赛：**“我认为很多人都忘记了理财等式还有收入方面。当然，节俭是可行的，但是你需要时间和精力去计算挤出那些没有的钱，花同样的精力你可以赚更多的钱。这是我学到的最大的教训之一：削减开支在一定程度上是有帮助的。如果你想在经济上快速成长，提高你的收入，你必须有策略。就像你为你的预算目标制定计划一样，也要为你的提高收入目标制定计划。”

**牢记大局：**“预算把我变成了一个小气鬼，我完全可以接受。”“我开始重视长期目标，而不是任何可能的短期目标。在这一点上，我甚至有点神经质。现在我没有债务了，我在存钱买房子。如果我想在日用杂货店买一些不需要的东西，我会阻止自己。我宁愿把那笔钱花在买房子上，也不愿花在买一袋土豆片上。也许我一旦达到目标就会犒劳自己，但现在，我更愿意看到我的储蓄增长。”

如今，米切尔在一家房屋抵押贷款公司工作，很具有讽刺意味。他存钱买房子？他打算用现金买它。他讨厌再次负债，即使是像房屋抵押贷款这样的事情（不要告诉他的老板）！所以，尽管他现在的收入已经超过 12 万美元，但他仍坚持着年薪 4.5 万美元的生活方式，其余的被储存在他梦想中的家。我毫不怀疑他会比计划的日期更早买到房子。

## 大努力=大进步

我知道，对我们大多数人来说，拿一个米切尔来当案例不现实的：把一半以上的收入用来还债，靠神奇的面包维持生活。让你的收入翻倍也不总是件容易的事。不过，无论这些案例听起来如何，都不要过快地否定其中任何一个。常识告诉我们，如果不付出努力，我们就无法实现任何目标（财务或其他方面）。如果你背负着巨额债务，而且你真的想摆脱它们，你就需要改变生活。至少，你必须打破让你陷入消费债务的生活习惯。

向前一步往往会“加速上攻”——在偿还债务方面尤其如此。你完成的越多，你就越想完成。当你的负债金额减少时，你会发现你的无负债生活会成为一个焦点。你可以很快地从算计自己的每一分钱到拥有堆积如山的现金。米切尔就是这样，特蕾西和丹·凯勒梅尔在他们的巨额债务被挖出后也陷入了同样的境地。

你在第四章读到过特蕾西和丹的故事，预算让他们在失业中幸存下来。特蕾西和丹甚至在为他们还不需要应急基金之前，就一直在为即将到来的婚礼攒钱。他们的大目标是：在结婚前的18个月里节省2.5万美元，并且不欠债。说到承诺，这真是一个很大的承诺。

“这需要牺牲很多，”特蕾西回忆道。“我们俩都搬回家住了，所以我们在房租、水电和日用杂货上的支出很低，或者根本就没有。同样，我们的隐私也没有了！但这意味着我们可以靠三分之一的收入生活，其余的将用于还债和储蓄。在这段时间里，我们的日常生活，说实话，非常无聊。”

特蕾西和丹，在和朋友出去玩或约会的时候必须要有创意。“基本上，我们在家里尽可能多一些。在家享受电影和美酒之夜，晚餐约会。如果我们想出去，我们会选择星巴克而不是餐厅。我们不像其他朋友那样买衣服或出去聚会。当事情变得令人沮丧时，我们提醒自己，这只是暂时的。”

然后他们的进程就“加速上攻”了。为婚礼攒钱几个月后，他们决定把事情做得更好。特蕾西也发誓在婚礼前还清她的2.1万美元汽车贷款。与此同时，丹承诺在婚礼前还清3万美元的信用卡债务。当他们的婚礼到来时，他们没有债务了，手头有足够的现金支付婚礼和蜜月的费用。18个月的努力让他们的婚姻有了一个干净的财务记录。

我知道，如果你的生活和米切尔、特蕾西、丹的生活一点都不像，你很容易对他们的故事不屑一顾。我们不能都搬去和爸爸妈妈一起住。我们中的一些人需要的不仅仅是花生酱和果冻，但他们的努力是值得我们注意的。在他们每个人开始他们的债务偿还旅程之前，到达终点似乎是不可能的，但是他们每天都设定目标，坚持不懈地投入工作。这个等式很简单——努力是困难的。不要让困难阻止你。没有人能在不坚持不懈的努力下取得任何伟大的成就。

## 当债务和生活发生冲突时

霍莉·麦肯齐知道，如果不努力工作并拥有一点点创造力，她就无法摆脱财务困境。2014 年春天，当她解除婚约时，她还有一些后勤工作要做。最大的问题是：自己支付生活费用。她在缅因州做全职土木工程师，但她的薪水还不够。她得想办法增加收入。她的快速解决办法是把房子里的一个房间租出去。资金仍然紧张，但起码起了点作用。

快进到第二年春天时，霍莉的室友准备搬出去住，她又陷入了同样的财务困境。这次她不想要一个新室友。霍莉也知道，一个更大的问题才是她困境的根源——她的支出。

霍莉对塔吉特商场特有兴趣。特别是，她有一种方法穿过那些鲜红色的拱门，带着新运动服（或盘子，或克里格牌咖啡机）走出去。她的方法是用信用卡购买大宗商品，因为她害怕看到数百美元同时从银行账户流出。在发薪周期之间，她的存款账户会减少到几美元，而且经常透支。她信用卡账户上的信用额度每次都能帮她节省下来现金。她会在下一个发薪日里还钱，然后重新开始这个循环。与此同时，她的信用卡负债激增。

霍莉知道她的消费习惯使她无法负担她的债务。室友即将搬家的消息促使她该改变些什么了，但她不知道该做什么。她听她的同事谈论她的预算，但是霍莉不相信。她回忆说："我无法理解食品预算之类的概念。""真的吗？限制你的饮食？！"但是她也害怕无法负担债务，所以她决定试一试。

制定预算在霍莉的脑海里激起了一些东西。作为一名工程师，她喜欢计算数字，也喜欢解决问题。她的预算是这两件事的完美结合。她被迷住了。

关于霍莉的另一个小细节是：她的工作精神很强烈。当她不从事工程工作时，她会去做第二份工作，当一名健身教练（所以她喜欢健身装备）。一旦她的预算开始执行，她就疯狂地想要还清她那 1 万美元的信用卡欠款。为了解决这个问题，她通过努力工作来解决这个问题，并在第一和第二条规则上坚持不懈。

她说："我试着把钱按类别储存起来，然后做最坏的打算。""当我开始做预算的时候，我把钱存到汽车维修基金里。所以，当我的旧吉普车坏了的时候，我就有钱用了。我总是把剩余的钱放在我的还贷款类别里，所以当需要的时候，它就在那里。如果我在处理债务偿付问题时出现了什么问题，我就会用那笔钱来支付。"

霍莉的信用卡债务在五个月内就还清了。到那时，她手头的钱已经足够支付房贷、圣诞礼物和去多米尼加共和国的蓬塔卡纳旅行的费用了。她还用自己那辆旧吉普车换了一辆 2016 年的丰田超霸汽车，现金支付了 1000 美元的车辆注册费。

接下来是她的 8000 美元学生贷款。霍莉在 2016 年 5 月偿还了最后一笔贷款［"你需要一套预算"（YNAB）启动后不到一年］，只留下她的新车贷款作为剩余债务。哦，但她有望在贷款时间的一半期间内还清。

霍莉的经济成就给了她巨大的信心，这只会帮助她获得更多。她说："我真的觉得，如果我能改变自己的消费习惯，摆脱信用卡和助学贷款债务，我能做任何事情。"她还说："作为一名健身教练，我的工作是以佣金为基础的。我想要更多地从我的工作中获得更多的回报，以便在我的预算中投入更多。我在经济上变得非常有动力（当然我也希望人们健康）！我的预算使我成为一个更好的企业家、领导者和女商人。"

霍莉开始编制预算时，名下只有不到 1000 美元，还有 1.8 万美元的债务。她现在的银行存款已超过五位数。她用现金支付度假费用，善待她的健身教练团队，款待她的家人，最重要的是，她不为钱而紧张。

## 无论你的情况如何，偿还债务

债务从来都不是唯一的选择。

接受这句座右铭，会改变你的生活。即使你现在没有负债，它也会帮助你在未来避免它。当你准备享受无债一身轻的幸福时，请记住：

- 首先为你的**真实支出**提供资金。把你所有的现金都用来还债是没有用的，如果这样做会让你在收到新账单时身无分文。当你没给自己留下多少现金时，真正的开支尤其棘手。一个意外的账单或支出，你就会重新陷入债务。
- 没有付出**巨大的努力**，你就无法取得重大进展。也许你不能靠神奇面包（足够公平）生活，但你可以找到创造性的方法来减少支出——或者赚更多！长期坚持不懈地投入工作。你会成功的，而且感觉非常值得。

# 第八章

# 教你的孩子做预算

我知道这一章并不适用于所有人，但是孩子和金钱这个话题非常重要，我不得不为有孩子的读者写下本章。

和孩子们谈论钱是不容易的。不管你是富有还是在挣扎度日，你都不知道该说些什么才能给你的孩子一个健康的人生观。如果财务紧张，你不想让他们担心。你也不想让他们认为，如果他们有信托基金在未来等着他们，他们就永远不需要为钱而工作。如果你的收入介于富有或贫困之间，这也同样是一个难题。

**《纽约时报》**专栏作家罗恩·利伯（Ron Lieber）写了一本很棒的书，内容是关于如何培养善于理财的孩子。他的建议之一是深入研究如何与孩子们谈论钱。我不想在这里重复罗恩的努力。事实上，在阅读了罗恩的书并为“你需要一套预算”（YNAB）的播客采访了他之后，我把他的建议用在了我自己的六个孩子身上（好吧，六个孩子中有五个，因为费伊才一岁）。我在这里要做的是向你们展示我和朱莉如何帮助我们的孩子建立明智的理财关系。我希望这段对我们家庭生活的一瞥能帮助你和自己的孩子找到一个健康的理财节奏。罗恩的建议是我们灵感的一部分，毫不奇怪，这四条规则也是。

什么，你以为我们不会教我们的孩子这四条规则（你当然知道的）?

但在我们讲四条规则之前，每个孩子都需要现金。我极力主张给孩子零花钱，这样他们就可以尽早开始学习如何理财。保持小金额，这样你就不用担心损失过大。至少，我的经验证明，情况会正好相反。给孩子适度的零花钱会让他们立刻意识到钱是一种有限的资源。如果他们想买东西，特别是大金额的东西，他们需要用他们的钱做出明智的选择。

朱莉和我在每个孩子八岁的时候开始给他们教授“你需要一套预算”（YNAB）。在那之前，小孩子们会得到一笔现金津贴，他们可以用这笔钱做任何他们想做的事情。我们五岁的女儿露丝把她的美元藏在枕头底下大约有三个月了。我们试图说服她使用更好的藏钱方法，但她坚持要枕头。很好。她会不可避免地失去她的钱，我们会在房子周围发现它们。朱莉和我将把它们放回零用钱储蓄罐里，并在接下来的一周将它们送还给露丝。我敢肯定她从未注意过。

马克斯今年晚些时候就满八岁了。在那之前，他每周会得到几块钱，把它们塞进梳妆台的抽屉里，当有了足够的钱时，他就会去塔吉特百货买乐高玩具。

无论年龄大小，我们对孩子的零花钱都一视同仁：

让他们在实践中学习。

对露丝来说，这意味着让她随心所欲地支配自己的钱。她不会知道把它们放在枕头下是一个坏主意，直到她意识到，当她想买东西的时候，她一时找不到它们。对马克斯来说，这意味着让他买到（然后遗失）乐高积木。

我们的大孩子也是如此。波特（13岁）、哈里森（11岁）和莉迪亚（9岁）每个人都有自己的YNAB预算，我们让他们在遵守一些条件下随心所欲地支配自己的钱。他们必须：

- 预留10%用于捐赠
- 把捐赠后剩下的50%存起来

他们可以用剩下的钱做任何他们想做的事情。

我必须强调给孩子们这种自由是多么重要，因为这是他们真正学习责任感的唯一途径。是的，有时你孩子会把零花钱全部花在买瑞典小鱼软糖上，但他们应该有机会做出这样的选择。就像我们成年人最终会意识到，无止境的外卖会让我们偏离目标一样，他们也会发现，疯狂吃糖也是如此。让他们浪费它。如果你不是一个习惯浪费的人，这是很难做到的，但请记住，在瑞典小鱼软糖上的挥霍和当面捐赠、储蓄都是一样有教育意义的，从瑞典小鱼软糖上得到教训总比用其他更贵的赌注要好吧？试着放手吧。如果你每周只给他们几美元，那么这笔学习费用是值得长期投资的。

作为父母，我们的工作就是引导孩子学习。朱莉和我并没有特别强调这四条原则，但我们确实努力让他们在花钱之前好好想想。我们循序渐进，提出一些问题，例如“你确定你想要它吗”、“还有什么比这更重要的吗”。我们不会挑战去训练八岁以下的孩子。当他们这么小的时候，我们觉得让他们有金钱意识并开始练习就可以了。

也就是说，如果你觉得你的孩子已经准备好学习更多，那就去做吧。这可能只是朱莉和我的案例。有了六个孩子，我们在帮大一点的三个孩子做预算练习后就失去了动力。孩子们现在拿到了他们的零用钱，他们很高兴像他们的哥哥姐姐一样有钱用。他们很快就会知道这四条规则。就目前而言，让六个孩子快乐而不受伤害地结束一天的生活，已经是足够有成就感了。

## 放手的痛苦

教孩子预算最困难的部分是让自己放手。一旦钱是他们的，我强烈认为家长不应该试图取代孩子们来管理或控制钱。

当波特 8 岁生日后开始做预算时，朱莉和我决定告诉他生日储蓄的事。多年来，除了亲戚的礼物，他已经积攒了大约 100 美元。我们努力想表达对他来说有这笔钱是多么重要。我们坐在他的床上，向他解释说，我们从他还是个婴儿的时候就开始攒这笔钱，花了很多年才攒下来这么大一笔钱。一旦我们认为他理解了这 100 美元的史诗般的经历，我们就问他可能想用它做什么。

波特马上就知道自己想做什么了：买一台 LeapPad 平板学习机（早期为儿童设计的平板电脑之一）。

我心里知道这事不会长久的。我试着告诉他，这看起来似乎做得不太好，一段时间后，他可能会觉得平板电脑很无聊。我很难让波特做出自己的选择。我最后绝望的举动是在这场单打比赛中给他 100 美元，希望这能让他意识到这是多少钱。我想，“当然，一旦他感觉到钱在他手中，他就会想要保存它。”

不！我们到百思买[①]卖场时，波特把那堆钞票扔在收银员面前，拿着他的新玩具蹦蹦跳跳地走了。

看在孩子的份上，我真希望我错了，但正如我所怀疑的那样，波特最后并不是很喜欢 LeapPad 平板学习机。几周后他甚至忘了这件事。

在做预算的几个月后，波特提到了那 100 美元。他说，在考

---

① 百思买集团（Best Buy），全球最大家用电器和电子产品零售集团。

虑了他可以用这笔钱做的所有事情之后，他觉得自己浪费了这笔钱。他真希望把钱存到新建立的自行车基金里，或者存起来和朋友一起参加活动。我没有评论，因为我知道他不需要我的意见。很明显，这段经历将影响他未来的理财决策——这对我来说是最重要的。鉴于此，我不认为这次购买是浪费。这只是波特（和我）成长过程中痛苦的一部分。

## 关于零花钱的一句话

在我谈论孩子和这四条规则之前，我想多关注一下零花钱。朱莉和我花了一段时间想清楚应该给孩子们多少零花钱。有一段时间，我们把零花钱和家务联系在一起。他们挣多少钱取决于他们有多愿意做这些工作，以及他们做得有多好。

这并不奏效。这对我们来说很有压力，因为我们必须控制每一份工作的质量，并主观地决定每个孩子应该从一项任务中得到多少钱。孩子们也不喜欢它。他们从来都不知道一周能挣多少钱。还有一种感觉是，天哪，如果妈妈心情好，我就会得到更多。否则，我得到的就会少一些。这对他们来说不公平。

罗恩·利伯关于零花钱或者津贴的建议对朱莉和我来说是一个突破。当我们在 YNAB 播客上聊天时，罗恩分享了他的观点，零花钱不应该是孩子们完成任务后得到的报酬。家务是独立分开的。它们是我们在家里做的事情，因为我们彼此相爱，因为我们想让我们的家庭运转良好。我们做家务是一种责任，也是对与我们生活在一起的人的一种快乐、爱和承诺。我完全同意这一点。

朱莉和我一直把零花钱看作是一种学习的工具，但我和罗恩的谈话把我们对零花钱的思考推进了一个新的层次。他指出，我们想让孩子们用金钱来实践生活，就像我们想让他们用乐器或艺术用品来练习一样。我们想让他们擅长赚钱，就像我们想让他们擅长其他事情一样。所以，如果他们不做家务，就把钱拿走是没有意义的，同样，在学习情况下，把他们的书或小提琴拿走也是没有意义的。

在采访了罗恩之后，我和朱莉进行了交谈，我们决定在晚餐时宣布我们新的零花钱制度。家务将不再被涉及。每个孩子将得到一个基于他或她的年龄的固定数额。朱莉和我决定每周给波特和哈里森 5 美元，莉迪亚 3 美元，马克斯 2 美元，露丝 1 美元。这对我们来说是一个很大的安慰，孩子们很兴奋地知道他们究竟能得到多少钱。

你必须决定什么最适合你的家庭，但我确实推荐这个基本方法。把孩子的零花钱当作学习的工具，坚持下去，并将其与其他责任分开。有了这个简单的系统，你就为教会他们耐心、慷慨和责任感打下了基础——所有这些品质都将帮助他们成长。

## 别担心，他们会成功的

当我告诉别人，我从孩子 8 岁教他做预算时，我往往会得到滑稽的表情。我现在很了解这些表达方式。他们在说：一个 8 岁的孩子可能对费用和优先事项有什么理解？可怜的米查姆家的孩子们，他们必须对付他们这个疯狂的 YNAB 教官爸爸。

除了疯狂的 YNAB 爸爸，我们需要给所有孩子更多的信任。人们很容易低估他们能多快掌握这些原则。

如果我们真的认为孩子们不会理财或做预算，这通常有三个原因：

我们开始教他们太晚了。

我们一次教了太多东西。

我们试着教授与孩子生活无关的课程。

克服这些障碍很重要：

早期开始。

慢慢地走。

留在我们孩子的现实生活中。

一个中学生不会关心如何优先处理账单，因为她没有任何账单，但如果她渴望在2月份拥有一台苹果播放器（iPod touch）呢？等到圣诞节那可就太久了。突然之间，优先考虑储蓄的想法对她来说非常有趣。

如果你刚开始和大一点的孩子谈钱，不要惊慌。你在他们还在你家的时候就做这件事，这意味着你已经提早开始了！根据美国银行的一项研究，只有18%的高中生和本科生觉得他们的父母教过他们如何理财。[①]如果你现在就开始，不管你孩子多大，你都在为他们的成功做准备。

## 从孩子的眼睛看这四条规则

我注意到的第一件事就是和孩子们一起做预算时，他们不会

---

① 作者注：数据来源：U.S. Bank，“2016 U.S. Bank Student and Personal Finance Study，” September 2016（美国银行，《2016美国银行学生与个人理财研究》，2016年9月），网址：https：//stories. usbank. com/dam/september-2016/USBankStudentPersonalFinance.pdf.

像成年人那样背负着同等的负担。他们没有（失败的）观念，认为预算意味着你受到限制，或者你不能享受乐趣。我们以为我们的孩子会和我们一样担心，但他们不会。他们是白纸一张。当他们看自己的预算时，脑子里想的都是："天哪，我想要什么？"他们很乐意去思考它。当我们成年人开始做预算时，我们必须学会像孩子们一样，本能地做些什么。现在，我明白了，孩子的预算风险要低得多。但及早意识到预算是一件好事，会让孩子们建立一种健康的金钱关系。这是件大事。

当我开始让我的孩子学习这四条规则时，每个人都在 YNAB 软件中获得了一个银行账户和一个个人预算。我为他们的零花钱设置了自动转账，这样他们就可以很容易地看到他们在 YNAB 的资金。

如果你不使用 YNAB 软件，你的孩子可以在 Excel 或笔记本上做预算。你可以使用现金或自动转账。无论你的方法是什么，确保他们能看到钱。这让一切变得更加真实。如果他们的零用钱在银行，每周登录账户向他们展示账户余额。如果他们得到了现金，确保他们在预算时身边有现金。

我和孩子们坐在一起，因为他们每个星期都在做预算。一旦他们留出 10%用于捐赠，剩下的一半用于储蓄，再剩下的由他们决定用途。我只是想鼓励积极的思考。这有时候会有效果的。

决定优先事项是预算的第一个里程碑（成年人也是如此）！我发现，孩子们对他们想要预算的东西有越多的想法，伴随他们深入到规则中，课程效果就越好。如果他们说他们只想要几样东西，我会鼓励他们。"这真的就是你想要的吗？你说你想要的那个娃娃怎么样？你看到的那块很酷的手表怎么样？"他们的预算很快开始就像写给圣诞老人的信：悬浮滑板、电脑、手表、苹果手机（iPhone）（当哈里森意识到他也需要为这项服务付费时，于是把手机给删除了）。到目前为止还好。我在书的前面说过，我们的预算不应该看起来像节日愿望清单，但是这种最初的头脑风暴是让孩子们轻松预算的好方法。记住——慢慢来。如果你把所有可能的花费都堆在一起，他们就会不知所措。

当他们的清单详尽无遗时，我们会把注意力转向现有资金，以及这四条规则。

当你向孩子们解释规则时，不需要改变太多。但是，有一些方法可以帮助他们了解每个规则在现实生活中是如何工作的。

### 第一条规则：给每一块钱一份工作

在这里，冗长的清单就派上用场了。有这么多的选择在争夺你孩子有限的资金，他们需要立即平衡相互冲突的需求。听起来是不是很熟悉？当然，他们并没有在房租、学生贷款和度假目标之间权衡利弊，但他们仍然可以非常具体地看到，钱只有这么多，只能到此为止。

这种稀缺感让他们把注意力集中在最重要的事情上。他们意识到，“哦，天哪，我的清单上有十件事，但我真的只想要其中三件。”欲望清单很快就会得到真正的优先排序——他们比大多数成年人都做得好。

因此，对于规则一，孩子的问题变成：*我首先想要什么？*

看着他们仔细思考对他们来说什么是重要的事情是很有意思的。我的孩子们不可避免地决定把他们所有的零花钱都投入到一个类别中。我从来没见过他们在单子上的每一项上都加了这么多。这很好。对他们来说，重要的是看清楚面前所有的选择，然后选择他们最优先考虑的事情。他们在这方面比我认识的许多成年人强多了。

你知道，如果不考虑你的真实花费，你不可能深入到第一条规则。你的孩子也不能。不过别担心，他们很快就会掌握的。

## 第二条规则：接受你真实的支出

第一条规则和规则二很快就会发生冲突，因为孩子们通常买不起他们想要的东西。如果他们预算的零花钱不多，他们就需要为任何小开销而存钱。要提示孩子们“耐心”——如今许多孩子（和成年人）已经失去的一种美德。我们都可以使用这种做法。

规则二也能让他们超越愿望清单去思考。记住我们是如何定义真实的支出的：你需要的每一笔开销都能维持你的生活。孩子们也有这些。他们没有享受汽车保险或医疗免赔额带来的乐趣，但他们确实有一些不常见的、可预测的支出目标，如果他们不提前考虑，这些目标就会悄悄逼近他们。圣诞节和夏天是向孩子们解释真实开销的绝佳时机。这是一条不可避免的漫长道路。

我们的孩子在圣诞节会在彼此身上花上几美元。当他们在做预算时，我提醒他们，他们可能不想把12月的零花钱都花在买礼物上。所以，我帮助他们计算在圣诞节前每个月需要存多少钱。看到他们的礼物基金在夏天不断增加，他们会很兴奋——而且他们很高兴整年都能有一些额外的钱。

对于第二条规则来说，夏天是个好季节，因为它有很多季节性的花费。作为父母，我们仍然会为他们支付大部分费用（假设零花钱不能支付野营学费或度假费用），但孩子们不可避免地会想要把钱花在你觉得属于他们的东西上。

帮助你的孩子回想起一个夏天的经历，那时他们希望自己有更多的钱。他们想让明年夏天看起来不一样吗？这种想法帮助波特意识到，他有比愿望清单上的玩具更重要的事情要做。他和他的表弟每年都去加利福尼亚的童子军营地。当他去年夏天回到家时，他告诉我们有一个孩子是多么幸运，因为他带了20美元去童子军营商店。快进到秋天了：波特打算把所有的零花钱都花在一个悬浮滑板上。离夏令营还有十个月，所以我问他是否愿意为童子军商店攒点钱时，波特很快意识到，如果他带着那张梦寐以求的20美元去露营，每个月就得省下2美元。他很高兴让悬浮滑板继续等待。我从来没去过那个童子军营的商店，但它显然是个很美丽的地方。

悬浮滑板最终还是回到了波特的愿望清单上，他最近用工作攒下的钱买了它（稍后会详细介绍）。因此，通过预算和耐心的结合，他能够同时拥有花钱和悬浮滑板两个愿望。

当你提醒你的孩子从长远考虑时，你实际上是在让他们回答和你刚开始做预算时一样的问题：

*我想让我的钱为我做什么？我希望我的生活是什么样的？*

他们是想凑钱给兄弟姐妹买节日礼物呢，还是对预算带给他们的惊喜感到兴奋呢？他们是想在明年夏天营地的木板人行道上挥金如火呢，还是想重温一下在玩了20分钟的滑雪游戏后，把你给他们的钱花光的那种挫败感呢？

他们花多少钱并不重要。关键是要养成长期思考、立即行动的习惯。这对他们总是有好处的。

规则二也很好地帮助孩子们了解可变收入如何能够支付长期费用。托德和杰西卡为他们的孩子赛迪（14岁）、惠氏（11岁）和奥利弗（9岁）做预算。赛迪的收入变化很大——有的月只有零用钱，有的月她在邻居不在家的时候照顾他们的鸭子和花草来赚大钱。当托德和杰西卡给赛迪买了她的第一部手机时，她学到了如何管理收入的重要一课。这款设备是一份礼物，托德和杰西卡也为最初几个月的服务支付了100%的费用。在那之后，赛迪负责25%，再后来是她每月账单的50%。赛迪对支付50%的费用的第一反应是，这比她每个月“赚”的钱还要多。但是照顾鸭子的额外收入呢？当托德指出，她可以把这些收入分散到几个月的时间里时，她觉得这说得对。第二条规则在赛迪的预算中完全生效。

### 第三条规则：避其锋芒，顺势而为

你知道我是怎么说的吗？孩子们在预算方面不像成年人那样有负担。对于第三条规则尤其如此。作为成年人，我们经常要提醒自己，改变预算并不是失败，这只是生活。孩子们则更有弹性。一旦他们明白自己的资金只能到此为止，他们就会相当乐意在这些既定条件下工作。

如果我的孩子想买超出他们预算的东西，我会试着提醒他们，他们需要把自己的钱转移到购买项目中去。他们通常会很快做出决定：拒绝新事物或者改变他们的优先事项。他们从不认为这是失败——他们只是在改变自己的优先顺序。不久前，托德的儿子奥利弗正在攒钱买一些不同的玩具（乐高积木、小黄人玩具、神奇宝贝卡片，以及其他一些最重要的东西——嘿，他9岁了）。在参观水族馆时，奥利弗在礼品店看中了一只售价11美元的毛绒企鹅。他没有买企鹅玩具的预算，所以他问托德是否愿意买给他。托德拒绝了，但是他在手机上拿出了奥利弗的预算，这样奥利弗就能看到他可能想要添加的一个新类别——企鹅。这是事先定下的第三条规则，这是最好的一种。奥利弗调整了他的预算，因为他的优先事项改变了，他不必等待超支的发生。这只企鹅是他的——他每晚都会和它一起睡觉。

再说一次，我知道对孩子们来说，风险是非常不同的。在企鹅和神奇宝贝之间做出选择，就好比把你的钱花在购买日用杂货上，这是不可比拟的，但他们的工作技能是一样的。所有这些练习都会让他们为未来那一天做好准备，那一天，躲避生活挥动的拳头要比拿零花钱玩要重要得多。

我在第四章提到过，翻滚和击打的类比来自于拳击。当你的对手打出一拳时，如果你随势而动，伤害会小很多。你也不太可能受到（同样严重的）打击。嗯，想象一下作为一个成年人第一次进入拳台。你知道规则，但这并不容易。现在想象一下，你从小就练习过拳击基础，现在进入了拳击场。这仍然是一个挑战，但是你会非常敏捷，几乎不会出汗。再过几年就会是你的孩子入场了。一个预算神童。

现在，你的孩子需要知道的是，改变他们的预算是可以的。但是他们已经知道了。我们是需要不断做出提醒的人。

### 第四条规则：规定钱的“年龄”

好吧，好吧，你的孩子可能不会担心打破发薪周期的依赖（如果他们这么做了，那他们就太聪明了。现在告诉他们到外面去玩）。不过，让他们注意第四条规则还是值得的。和其他规则一样，这是以后几年的好习惯。现在，这只是一个有趣的方法，来看看他们做得如何。

不久前，哈里森在 YNAB 软件的左上角问“金钱年龄”是什么意思。他是我们孩子中最大的储蓄者，所以软件显示他的钱已经存了 250 天了（这个孩子基本上从不花零花钱）。我解释说，平均来说，他今天花的钱是 250 天前挣来的。他觉得这很酷，就去找莉迪亚和波特，问他们的“金钱年龄”（比这低得多）。对他来说，这成了一种吹嘘，我并不完全支持，但我私下里很高兴看到他为自己的进步感到自豪。不要告诉他的兄弟姐妹们。

如果你在线下做预算，你可以用你手头的钱除以你孩子通常一个月的花销来计算钱的“年龄”。如果他们的花费是可变的，这可能会很棘手，但它仍然可以给你一个大致的概念。所以，如果他们每月花 20 美元，手头有 100 美元，他们的钱“年龄”大约是 5 个月。

在这一点上，第四条规则大部分是一个有趣的练习。但是，我们的孩子看到他们的“金钱年龄”感到兴奋也无妨。如果他们现在就有这样的心态，这可能会阻止他们在真正事关重大的时候陷入一种依靠薪水的生活。或者在最坏的情况下，如果开支太大，他们会有方法来消除压力，那会是多么好的礼物啊。

## 当我们的孩子管束我们的时候

最近，我的朋友玛丽亚和她的丈夫乔决定开始攒钱买条狗。他们没有给五岁的儿子卢卡做预算，但他们确实和他分享了这个计划。他很激动，尽管他不想再等了。“我们知道我们想要一只狗。为什么我们今天不能得到它？”他问道。

玛丽亚和乔解释说，狗狗的生活开销很大：食物、兽医护理，如果他们想去旅行，狗还得寄宿。他们想在买狗之前至少省下 1000 美元，这样他们就可以准备好照顾它了。“但从好的方面来说，”乔说，“如果我们不买我们不需要的小东西，我们可以很快省下那笔钱。”

卢卡完全明白了这一点，以至于他开始控制父母的开支。他们下一次去食品杂货店成为了一次全面的审问：“妈妈，你真的需要鹰嘴豆泥吗？我们家里不是已经有花生酱了吗？上次你说牛油果很贵。你可以省下那笔钱给我们的狗！”

说句公道话，卢卡愿意做出自己的牺牲。他主动提出放弃一辆价值0.88美元的“风火轮”汽车，这是他在杂货店里表现良好的奖励。他还自愿不吃“星期五比萨饼”，那天他在学校买了午饭。即使没有自己的预算，这个孩子也像个老板一样拿定了主意。

这家人的“布鲁特斯基金”（卢卡已经给这只狗起了名字）将在夏季前达成，正好赶上卢卡学会如何从草坪上挖出便便。与此同时，他对父母的态度有所缓和——玛丽亚有时会吃牛油果。卢卡的渴望也促使他的父母削减了超出他们计划的开支。减少三个约会之夜可以省下几百美元，而且他们还禁止叫外卖，直到布鲁特斯狗狗能在那里叫个没完。有了卢卡的帮助，他们甚至可能在春天就达到目标。

## 谁为什么而买单

当你开始给大一点的孩子做预算时，最好先弄清楚他们需要支付什么。如果他们习惯了你花钱买东西，这可能会变得棘手。如果他们的现金供应突然被切断，你不想让他们觉得自己受到了惩罚。这是为了好玩。另外，你仍然在给他们钱——只是现在，他们可以用这些钱做任何他们想做的事情。他们甚至不需要问你。

我建议和你的孩子们开个预算会议，就像你和你的配偶或伴侣一样，决定什么是他们的责任，什么是你将继续提供的。你也可以决定分摊费用。这些参数完全取决于你，它们可以随着你孩子的成长而发展。

托德和杰西卡与他们的孩子们谈论他们需要为储蓄、礼物和捐赠做多少预算。除此之外，就像我们的孩子一样，类别的选择是他们自己的。

托德和杰西卡愿意帮助孩子们花钱去体验生活，比如和朋友一起攀岩，但不是花钱买东西。孩子们可以自由地用自己的钱为自己想要的任何东西做预算，这让他们有能力购买父母原本不会买的东西（口袋妖怪卡、心爱的企鹅毛绒玩具等等）。

他们还一起决定共同承担哪些费用。托德和杰西卡同意支付赛迪50%的电话费，因为他们觉得这是真正的分摊费用。他们想在赛迪外出时联系她，就像赛迪想要一部属于自己的手机一样（她是少有的不沉迷于手机的青少年）。

他想存钱去购买惠氏公司的自行车用具，但大部分都很贵，所以托德和杰西卡帮他支付了费用。不同的家庭会有不同的选择，关于父母会资助什么，孩子会承担什么，以及介于两者之间。但就像托德的孩子一样，他们都能养成做预算的习惯，并获得优先排序所需的经验。

一旦你的孩子有了一份兼职工作，他们就会逐渐承担更多的费用，而你会觉得这些费用是他们力所能及的。波特、哈里森和莉迪亚开始在YNAB办公室工作时就是这样做的。

是的，13 岁的、11 岁的和 9 岁的三个孩子都在 YNAB 的办公地工作。他们分担清洁办公室这份美好的工作。

孩子们的预算案超支了几美元以后，朱莉和我决定，他们应该对礼物拥有更多的自主权。我们是在他们三个人在一个月之内参加了大约六次生日聚会时产生这个想法的。我们开始对礼物感到厌烦，所以我们提出了让他们用自己的钱给朋友买礼物的想法。他们完全赞成。

现在他们可以完全自主选择给朋友和兄弟姐妹的生日礼物。他们一想到要买什么就兴奋不已，甚至会在朋友外出时窥探他们的喜好。他们以前几乎没想过，朱莉或我只是一个出力跑腿的，帮他们把礼物买回来。自己付钱给让他们变得更善于思考，想什么礼物更合适。作为一个家长，这是很有趣的。

请记住，我们的首要目标是教会我们的孩子如何妥善处理金钱。不要太纠结于，谁在为什么而付钱。有一个清晰的体系是好事，但更宏大的远景要重要得多。

## 当你让一个十几岁的孩子用她的钱做任何她想做的事情时，就会发生这种情况

我们最大的孩子在我写这篇文章的时候已经 13 岁了。这意味着，我们在培养一个经济上负责任的年轻人的宏大实验仍处于测试阶段。但如果乔恩・戴尔的家人能说些什么的话，我认为孩子们会好起来的。

乔恩的女儿安娜 17 岁。她喜欢流行音乐，有粉红色的头发。她是一位才华横溢的视觉艺术家。她在一家电影院工作，自从 15 岁被聘用以来就一直使用 YNAB。尽管她的父母在她找到工作之

前就为她支付了所有的开支，但安娜在预算方面并不需要被别人说服。

“我开始使用 YNAB 是因为我的父母使用它，”她解释说。“我还担心在没有任何办法可以管理我的钱的情况下进入新生活。当我开始工作时，我想为自己的东西付钱。我现在自己买了很多衣服，当我买多余的东西时，我喜欢用我自己的钱。”

当安娜拿到第一份薪水时，乔恩帮她制定了预算。从那以后，她只在需要支援的时候才给他打电话。最近，她的预算账户余额减少了 100 美元（她在银行的实际存款比她的预算余额显示的要多），乔恩帮她解决了这个问题。除了鼓励安娜拿出一些钱来捐赠之外，乔恩和他的妻子艾米还让她自由支配自己的预算。

乔恩回忆起几个月前的一个晚上，安娜和她的朋友从购物中心回家。当他问她买了什么时，她说什么也没买。她原话是这样的：“我现在没有钱。”有意思。

乔恩可以看到安娜的银行账户，因为这和他的银行账户是关联的。他知道她当时有几千美元。一个十几岁的孩子怎么能在一个购物中心里，揣着上千美元而不自在花钱呢？

优先事项，安娜有很多，但碰巧她不能通过在商场里买东西来满足其中的任何一个。以下是她目前的预算类别：

**捐赠**

捐款

**日常开支**

花钱

餐厅

服装

化妆

**困难时期基金**

应急基金

生日

圣诞节

动漫真人秀

随机的善意举动（RAOK）

**长期支出**

韩语培训

储蓄目标

车

为音乐会存钱

做个疯狂头发造型

旅行

安娜最看重的——也是最昂贵的——就是她对韩国流行音乐的热爱。我并不是说她喜欢在油管（YouTube）[①] 上观看韩国流行音乐（K-pop）[②] 视频。她自己出钱买音乐会的票，自己去看 K-pop 的演出。她最近去达拉斯听音乐会。安娜想去韩国上艺术学校，所以她整年都在资助自己的韩语课程。

看了安娜的预算后，就很清楚她为什么不把购物中心之旅变

① YouTube 是一个视频网站，早期公司位于加利福尼亚州的圣布鲁诺，是一家让用户下载、观看及分享影片或短片的网站。

② K-pop：韩国流行音乐（英语：Korea-Pop，简称 K-pop，指源自韩国的流行音乐，是韩语、电子音乐、流行舞曲、嘻哈音乐的结合。

成一场消费闪电战了。商店橱窗里没有什么东西能与那些在预算里——等着她掏钱——令人兴奋的事情相提并论。正如安娜所说，“我宁愿拥有惊人的经历而不是拥有一堆垃圾。”无可争辩。

## 教你的孩子做预算

别听那些唱反调的——孩子们会精打细算的！教你的孩子聪明地用钱是你能给予他们的最好礼物之一。当你开始的时候，请记住：

- **将零花钱作为学习的工具。**我们想让孩子们练习如何赚钱，就像我们想让他们学习其他生活技能一样。拿走他们的零用钱（不管什么原因）就像拿走他们的书或乐器一样糟糕。无论如何都要坚持学习。
- 不要低估孩子们能多快学会。他们会跟上预算，**只要你早点开始，慢慢来，并保证符合实际情况。**
- 这四条规则不仅适用于成年人，也适用于孩子。只要让对话保持在孩子能听懂的水平，并给他们**从实践中学习**的自由。
- 和你的孩子坐下来，**为你们的生活支出买单制定一个清晰的框架。**当然，只要你的计划对你们有效，就没有固定的规则。

# 第九章

# 当你想要放弃的时候

关于我本人，有件重要的事你需要知道：

我爱甜甜圈。

我太爱他们了，我几乎放弃了对他们的预算。

没错！这绝对是一个弱点。

我之前提到过，当朱莉和我开始做预算的时候，情况非常糟糕。一个是全日制学生，一个做社区工作的小时工。坐公共汽车上下班，住地下室的公寓，靠优惠券生活。这很具有挑战性，但我们依旧下定决心不欠债，为未来的孩子存钱，我们别无选择，只能让预算发挥作用。每一个消费决定都是经过严格计划的。除了我们的基本需要和生活义务之外，没有任何周旋余地了。

预算在几个月的时间里运行得很好。直到有一天，在我去上课的路上，我经过一家面包店，他们家做的甜甜圈棒极了。我记得我盯着陈列柜里的这个巧克力色的美人，非常想要它，但我不能买它。我们没有任何外出就餐的预算。这个甜甜圈是 0.5 美元，我没有钱。太令人沮丧了。

几个星期前，当我在图书馆学习到很晚而错过了晚餐时，我也有同样的感觉。我记得走过卖 1 美元饼干的自动售货机。我没有钱，我想，“好吧，我今晚什么也不吃。”我当时就知道这很可笑。预算不应该让你觉得吃饭也是不可以的。

我把晚餐的事扛过去了，但是甜甜圈把我弄垮了。

有一段时间我努力不跟朱莉说话。预算编制是我的主意，然而她比我更节俭，但我知道我不能再继续下去了。我们没有喘息的空间。感觉任何计划外的购买都会使整个预算崩溃。

我最终告诉了朱莉事实，她就在我身边。结果她差点因为前一周接连几次错过了羊角面包而感到崩溃（我们对烘焙食品的热爱使我们团结在一起）。就在那时，我们决定为我之前提到的 5 美元的娱乐零花钱做预算。它是如此的渺小，但这是所有我们需要失去的感觉，即使一个简单的举动都可能让我们的预算面临崩溃。另外，换个角度看，每个月 5 美元就是 10 个甜甜圈。我从未想那么远，但我知道我可以做到……哦，自由的感觉。

你会想要放弃预算。不管你是为了一个小小的甜甜圈而崩溃，还是为了一笔意想不到的大开销而疯狂，总会有一天发生的，资金会感到异常紧张。费用似乎超出了你的控制。跟踪每一笔交易都会感觉像是徒劳无功。

我在这本书的结尾写了一个关于退出的章节，因为退出是预算中很正常的一部分。放弃的诱惑会出现，但是如果你已经读了这么多，而且你已经习惯了阅读这一章节，我敢打赌你并不想停止预算。也许只是感觉太难了，巧克力甜甜圈正盯着你看，你渴望着买到它（对不起，只有我一个人这样吗）。

我发现，当我们大多数人想要放弃的时候，是因为我们陷入了自我破坏的行为中，而这些行为其实很容易纠正。你所需要做的就是调查一下为什么你的预算不适合你。

## 完美预算的失败

我们想要放弃预算的大部分原因源于一个核心问题：完美。当我们觉得我们失败时，往往是因为我们太过努力地追求完美的预算。

完美的人喜欢伪装，但这几乎是每一个预算陷阱的根源。这是自我强化机制，实际上是一件好事（尽管听起来不像是）。一旦你意识到这些行为会扼杀你成功的机会，你就可以做些事情来对付它们。

首先，要注意预算是二进制[①]的这一常见概念。我们倾向于把预算看成非黑即白：失败还是成功。这完全不是真的。只要你在做预算，你就成功了。做任何你需要做的事情，请记住这一点（你也可以把它添加到你的另一个咒语“债务从来都不是唯一的选择”后面）。我保证它会让你自由的。

然后留意这些潜伏的预算行为。它们都是我们追求难以捉摸的完美的方式，通常我们并没有意识到。如果你能看到自己身处其中，就知道你很容易摆脱困境。解决方法实际上是一样的：后退一步，想一想你能做些什么让事情变得更容易。真的。

**不要让自己有喘息的空间**，也被称为甜甜圈事件。这是最常见的，让人想要放弃预算的行为之一。在手头紧的时候限制开支是有道理的，但你只能在一定程度上做到这一点。如果你没有一点点的放松，一切最终都会破碎（你的理智，你的预算，你的决心）……

我对举重很感兴趣，这个意外给予的想法让我想起，我在做卧推的时候旁边有一个保护人员。你可能会被压在一个杠铃下面，你的身体肯定会被压碎。当然喽，当你的教练用两个食指勉强拉起杠铃帮助你完成提升时，这一点点帮助意味着成功与

---

① 二进制是计算技术中广泛采用的一种数制。二进制数据是用0和1两个数码来表示的数。它的基数为2，进位规则是“逢二进一”，借位规则是“借一当二”，由18世纪德国数理哲学大师莱布尼兹发现。

失败。

无论事情多么紧张，都要给你的甜甜圈留出点空间。有一个保护人站在旁边，来给与你需要的那一点助力。每月几美元就能让你避免一切都将崩溃的感觉。

**设定不切实际的支出目标**。当你开始做预算时，这种情况非常普遍，尤其是因为你缺乏设定实际支出目标所需的数据。如果你从来没有跟踪过你的食品日杂消费，你怎么知道300美元的目标是否接近你的现实呢？这听起来可能是合理的，但是如果你通常一个月花费达800美元，那么达到那个目标就需要时间和纪律。也许你的现实目标实际上并不是300美元，你会因为每个月都要试图达到这个目标而感到沮丧，相反，450美元可能对你的家庭来说是合理的。

**假设快速变化**。也许你已经意识到你每个月要花800美元在食品日杂上。好！你现在用的是实际数值。但如果你发誓从**今天**起只花300美元，麻烦就大了。这是一个伟大的目标，但你不能指望一夜之间改变你的行为——尤其是在如此巨大的改变落差上。如果你不是一个人做预算，你的伴侣也是如此。我们常常期望对方迅速改变，但他们不会的。即使你实现了一次或两次新目标，有意义的改变也需要时间。善待你自己（和你的伴侣）。设定现实的目标，慢慢地朝着目标前进。

即使你没有足够的现金来支付你的开支，这个建议仍然成立。如果是这样的话，是的，尽你所能紧缩开支，但也要意识到，仅仅改变你的消费行为——无论多么迅速——并不能解决你的问题。如果你的收入和支出之间有差距，你需要想办法赚更多的钱。本书中有很多关于其他人是如何做到这一点的故事。如果你把所有注意力都集中在一夜之间实现不切实际的支出目标上，你肯定会不知所措。最好将明智的消费和提高收入结合起来运用。

**对自己要求过高**。我之前拿预算和饮食/锻炼进行了比较。有一种相似之处是不能忽视的。在这两种情况下，如果你对自己要求过高，你会筋疲力尽（在生活的各个方面都是如此）。当你纠结于预算的时候，你就做过头了，一天检查几次，然后和任何愿意倾听你的人谈谈。你会筋疲力尽，就像你经过一段时间的热量计算和每天去健身房锻炼后一样。把你的预算或健康习惯当作一种时尚，它们就会像流行时尚一样很快消失。努力把它们融入你的现实生活，它们就会成为你真正的生活方式。

如果你真的能量入为出（我知道这是件好事!），但是尝试每隔几天回顾一次，确保你在正轨上，然后继续过你的生活。

**强迫症的因素**。我打赌你没想过会有那么多方法让你疯狂地超出预算……当预算强迫症出现的时候，你不能让每一分钱白白浪费。你需要在某个时候放手。一笔（但愿如此）小额交易将冲击到你的账户，而你一辈子都不会忘记。你可以把自己逼疯，试图弄明白它，或者把它分配到一个有可用资金的消费领域，然后继续前进。

预算强迫症试图过于细化预算。如果你一生中从来没有记录过你的花费，突然想要记录下每一管牙膏费用，你的预算是不可持续的。当然，把你的支出分成日用杂货、公用事业等类别，但不要在每一件小事上迷失方向。除非一笔交易清楚地跨越了两个支出类别（比如，好市多超市的一张收据包括食品、滑雪板和睡衣），否则就把它归入一个类别，保持冷静。

**复杂性**。毫无疑问，拥有一张信用卡和一个银行账户的人比拥有多张信用卡和一个银行账户的人更容易做预算。关闭额外的银行账户，或者把钱转到一个或两个账户，避免不必要的复杂性。如果你同时使用多张信用卡，那就用收费最低、福利最好的那张（嗯，当你手头有钱的时候）！如果你有负债，就把它们付清，只使用那一张卡。

我知道坚持预算并不总是像分配5美元的甜甜圈钱那么简单。有些挫折感会让你觉得无法克服，无法控制，放弃似乎是唯一的选择。但没有什么是不能克服的，即使你被突来的开支或收入减少压得喘不过气来，只要你能灵活运用预算，它就能发挥作用。当你开始做预算的时候，谁会在意它看起来一点也不像你希望的那样？只要你一直有意识地使用你的钱，改善就会发生。也许这意味着你并不像你所希望的那样接近你的目标，但是放弃一定会保证它们不能实现。记住：当事情觉得太困难时，想想你能做些什么让你的生活更容易，然后专注于此。

## 不要忘记那个叫作“幸福”的小事情

我们可以把大多数预算缺陷归咎于完美。关键字：大多数。然而，有时我们想放弃是因为我们忽略了重点。我们在支付账单和实现支出目标方面根深蒂固，以至于忘记了当初为什么要做预算。

请记住，你的预算是帮助你创造你想要的生活，现在和将来。预算并不是要延迟你的幸福。如果是，没有人会坚持很长时间。当你快乐的时候，你就会有动力。你觉得自己正在朝着目标前进，这种动力让你想更努力地工作。这就是魔法发生的时候——但它并不是真正的魔法；只有你，在发挥你最大的潜能。

如果你对你的预算不满意，回到你先前问自己的问题：

我想让我的钱为我做什么？

这会给你带来新的视角。你可能会发现你的预算仍然在朝着你想要的生活前进。也许比你希望的要慢，但是你仍然在朝着正确的方向前进。这种温故知新可能足以平复你的心态。

如果你意识到你的钱没有做你想让它做的事，回到第一条规则。或者更好的是，把你所有的预算都清空，重新开始。忘记所有的责任和目标，只剩下你和你的银行账户余额。带着这张白纸，我们再回到这个大问题：我想让我的钱为我做什么？

## 为所有新的开始而欢呼

我大力提倡要重新做预算。有时后退一步，确保你的钱在做你想做的事情，这是非常重要的。这是最不可能放弃的事情。重新启动就是胜利。如果你重新开始，你就毁了老预算。我坚信这一点，我已经为 YNAB 软件开发了一个“全新的开始”功能。当事情变得陈旧，或者你觉得你的预算不再适合你的时候，我希望你能把它清除掉，重新开始——不管这意味着只是点击一下鼠标，还是打开一个新的电子表格或翻开笔记本新的一页。

重新开始你的预算和我们经常在新的一年到来前后做的那种反省没什么不同。是时候反思你的目标，看看与你的行动如何保持一致，然后根据需要做出调整。当你重新开始你的预算时，你也在深刻地思考你的生活——只是现在你在考虑你的钱如何能帮助你到达你想去的地方。

还记得第一章的菲尔和亚历克西斯吗？当你第一次见到他们的时候，亚历克西斯正要离开公司，开始她的自由网页设计师的生涯。一年后我找到了他们，想知道他们的新冒险进行得如何。

事实证明，一切都进行得很顺利，但一点也不像计划的那样。

**好处：**辞职 6 个月后，亚历克西斯获得了比她预想的，更多的工作机会。这当然是一个很大的安慰。在辞职之前，她曾担心自己如何才能保持精力充沛。她没想到她以前的很多同事和客户会推荐她做项目。这是因为她在上一份工作中建立了稳固关系，并且对自己的工作有着出色的表现。

**棘手之处：**亚历克西斯本来可以轻而易举地通过接手每一个项目，将她以前的薪水提高一倍，但是更大的工作量意味着全天 24 小时的工作。成为自由职业者的意义是为了让亚历克西斯有更多的时间陪伴他们的儿子杰克。金钱的诱惑并没有压倒她的首要任务：家庭。拒绝有利可图的工作机会感觉很奇怪，但她和菲尔一致认为，平衡家庭需要比额外收入更重要……

**缺点：**但他们本可以有一些额外的钱使用。他们没有陷入困境，但是他们的收入跟不上他们的支出。有了亚历克西斯的可变收入，她会从一个月什么都没挣，跳到下一个月存入 1 万美元。他们试图把大笔款项分摊在几个月中，但总是超出预算。他们原本打算偿还 4 个月的账单，却只能还 3 个月的。

预算是有帮助的，但是每次他们打开电子表格的时候，它也很粗暴地把他们从梦境中晃醒。他们都讨厌看到美元被如此迅速地吞噬。压力变得如此巨大，他们开始相信没有预算他们会更快乐。他们想，也许只要他们吸一口气，不再费那么多精力想钱，事情就会迎刃而解。

## 第一个解决方案：预算“排毒”

尽管菲尔和亚历克西斯很想退出预算，重新回到无知者无畏的情况中，但他们知道这样做并不明智。他们也知道，他们必须改变目前的体制。所以如果放弃预算不是解决问题的办法，他们会做相反的事情：推倒重来。

一张白纸，没有任何与老预算相关的东西，是一种强有力的练习。菲尔和亚历克西斯最终就是这么做的，但亚历克西斯首先要对原有的预算狠下心来。去年，当他们试图扩大他们的自由职业者基金时，他们已经做了目前的版本，但是现在是时候做另一次检查了。亚历克西斯觉得，如果她能发现旧预算中的弱点，并改善这些弱点，他们的新预算会更强大。她想了解每一笔开销的真实情况。以下是她的所发现：

**天然气**：他们最近两次的天然气账单超过了 150 美元。快速回想一下，去年同期的账单还不到 100 美元。为什么？他们买了一台新的加热炉子，也许今年更冷，也许他们高估了新加热炉的燃油效率。不管出于什么原因，亚历克西斯想把那额外的 50 美元砍掉。计划是这样的：晚上把恒温器调低几度，然后把自己都裹在法兰绒被子里。他们还开始使用恒温器的定时器，这样他们就不会忘记调节温度了。这有效果！下个月，他们的天然气账单少了 53 美元。

**手机**：这类产品会很刺痛人心。他们每月花在两部智能手机上的费用是 145 美元。他们必须做得更好，但降低至最便宜的数据套餐只能为他们每月节省 20 美元。换手机意味着要在新手机上花费数百美元。这样的数学运算没有意义。他们觉得自己被现代生活困住了，被欺骗了。所以，做更多的探索。亚历克西斯通过她最喜欢的金钱博客“钱胡子先生”（Mr. Money Mustache）找到了一家便宜得多的手机供应商。虽然他们每个人都需要花 250 美元买新手机，但他们的每个月 46 美元账单（两部手机费用）让他们觉得值得。他们每月节省 99 美元，五个月后就能买到新手机。

**空手道**：他们去年在团购网站（Groupon[①]）上给杰克注册参加了空手道课程。八节课 20 美元，外加一套免费制服。太棒了！杰克喜欢所有关于忍者的东西，所以他如同来到了天堂一般。团购网站（Groupon）课程到期后，亚历克西斯去寻找正常价格课程。当她看到 150 美元一个月的价格时，她几乎要跌倒了。给一个四岁的孩子空手道课程?! 噢，但是杰克在垫子上很高兴。她很快开始为这个价格自我安慰。“我们每个月要少去外面吃两顿饭了。我要取消我从不使用的健身会员资格。”时光飞逝，一年过去了，杰克正在成为茶带[②]的道路上，但上个月他一直在找借口逃课。他只是再也不想去了。道场会自动转账，所以不管杰克去不去上课，他们都要支付 150 美元。轻松决定：暂时取消课程。

---

① Groupon 最早成立于 2008 年 11 月，以网友团购为经营卖点。其独特之处在于：每天只推一款折扣产品、每人每天限拍一次，折扣品一定是服务类型的，服务有地域性，线下销售团队规模远超线上团队，以美国和欧洲为主要销售地点。

② 空手道和柔道、跆拳道一样，空手道的等级也是用腰带颜色来表示的：10~9 级：白带（初学者），8 级：黄带，7 级：红带，6 级：橙带，5 级：蓝带，4 级：绿带，3 级：紫带，2~1 级：茶带。

如果杰克愿意，他们可以随时再回去。但在取消训练后的两个月里，杰克一次也没要求去练空手道。

**有线电视**：菲尔准备在电视问题上一刀切了。他们可以通过取消有线电视每月节省 80 美元。奈飞公司（Netflix）和葫芦公司（Hulu）足以让他们开心。当菲尔打电话来取消有线电视预订时，商家立即给他 30 美元的折扣，并免费提供了几个高级频道，这比他们去年下调的昂贵套餐要好得多。他让这个计划暂时搁置，以便与亚历克西斯进行一次简短的会谈，然后接受了协议。当然，他们只节省了 30 美元，而不是 80 美元，但他们认为额外的电影频道适合约会之夜。如果他们想存更多的钱，以后还可以取消。与此同时，他们选择取消奈飞公司（10 美元）和葫芦公司（12 美元）的服务，因此总共节省了 52 美元。

**食品杂货**：这对亚历克西斯来说是个很大的压力。她没有搞明白：三个人（实际上是两个半人）怎么能每个月在食品杂货上吃完那 500 美元呢？在开始做预算之前，他们从来没有跟踪过自己的食品支出，但他们认为每月 300 美元已经足够了。亚历克西斯去杂货店买东西，她每个月都觉得自己是个失败者。

挑战来临，他们的食品杂货“游戏”已经非常严峻。对他们俩来说，健康饮食是头等大事，这意味着他们的购物车里几乎没有任何垃圾食品。他们大多购买新鲜农产品和高质量的蛋白质，再加上杰克的其他主食：牛奶、意大利面、面包、麦片。优惠券并没有多大帮助，因为它们大多是用于加工的食品，它们很少会加入到他们的购物车。

亚历克西斯的解决方案类似于朱莉和我在这个场景中所做的。她决定在新的预算中增加更多的食品开支，不再感受到压力。一年的预算累计数据证明吃得好比她想象的要贵。她仍然计划着眼于购买，避免不必要的花费，但她将停止对于食品支出谜团的探究。

**迪斯尼：**他们在过去的10个月里节省了4000美元，这样他们就可以在杰克5岁生日的时候带他去迪斯尼乐园玩，给他一个惊喜。菲尔和亚历克西斯现在都看着这一大笔钱，不得不问自己：到底是谁在乎去迪斯尼？杰克肯定没有。他很喜欢米奇，但他仍然处于只要一桶“风火轮”小汽车和一次去海滩旅行就足以使他非常快乐的年纪。他绝不是想要一个豪华的假期。他们越想越觉得，这趟旅行对他们来说是一个育儿愿望清单，而不是杰克的要求。他们现在会更乐意用这笔钱来缓解现金流压力。另外，如果他们再等几年，杰克的身高就能坐激流勇进了。这是一个不需要动脑筋的问题：现在不去迪斯尼。

结果是：亚历克西斯的调查为他们节省了大约每月251美元（起初是351美元，后来她又在食品杂货上增加了100美元），加上迪斯尼之旅的4000美元。这并不是一个改变生活的解决方案，但要知道他们已经释放出了一些现金，有助于鼓舞士气。他们正朝着正确的方向前进，并有动力继续前进。

## 第二个解决办法：赚更多的钱

亚历克西斯每次拒绝“项目调查”时都会唠叨。她知道她没有时间亲自承担这项工作，但也许是她没有必要。她一直梦想着将自己的“单身女性工作室”扩大成一个“迷你设计工作室”。她可以通过将项目分包的方式实现此举——与崭露头角的设计师合作并监督他们的工作。这是一个双赢：亚历克西斯可以作为艺术总监赚取额外收入，而她的年轻同事们则可以建立自己的投资组合。

她一直以为这个梦想会在几年后实现。但为什么一定要这样呢？她的信箱里现在有三封未答复的求职信。就在一周前，她和她的前助理埃琳娜喝了杯咖啡，埃琳娜说她被工作中的行政任务淹没了。她希望有更多的机会来展示她的设计才能。

亚历克西斯指导埃琳娜三年了，她知道埃琳娜富有天赋，而且她是完全可以信赖的。在简短的短信交流之后，一切都重新开始了：埃琳娜对即将到来的项目感到兴奋。亚历克西斯在她的信箱里回答了三个悬而未决的问题。她将开启她的艺术总监新角色——一旦她安排好她的下一个项目，就将点燃一个新的收入来源。

## 重新启动

随着费用的下降和新收入来源的到来，菲尔和亚历克西斯感到精力充沛。把花销保持在他们预算之内仍然需要每天的努力，但是他们仅仅是知道他们的账单和现金流得到了优化就充满了动力。每一美元都准确地流向了他们想要或需要它去的地方——而不是其他任何地方。以下是他们的前后预算对比。

## 菲尔和亚历克西斯“排毒”后的预算案

**账单**

抵押贷款：2500 美元

**天然气：100 美元**

电：70 美元

汽车费用：275 美元

幼儿园：800 美元

互联网：40 美元

**有线电视：50 美元**

奈飞与葫芦（Netflix/Hulu）频道：$ 0

人寿保险：55 美元

**手机 46 美元**

空手道：0 美元

账单总数：3936 美元

**日常消费**

**日用杂货：600 美元**

家居用品：50 美元

燃料费：120 美元

工作费用：100 美元

餐厅/娱乐：75 美元

保姆费：100 美元

日常消费总计：1045 美元

**目标**

迪斯尼：＄ 0

**真实支出预算**

汽车保险：120 美元

汽车维修：50 美元

健康/医疗：50 美元

水：60 美元

生日/节日：40 美元

地下室维修：150 美元

真实支出预算总计：470 美元

## 奖金

亚历克西斯喜欢在钱上做文章。阅读《华尔街日报》给她带来了快乐。沃伦·巴菲特是她的英雄。她和菲尔为退休存钱，但她一直希望自己能开设一个普通投资账户，并在一些交易所交易 ETF 基金[①]试一试。她只是从来没有觉得他们有多余的钱来证明这一切。

现在，她和菲尔对自己的预算有了更多的控制权，那么她就有动力启动自己小小的投资梦想——她甚至不愿动用预算。她的

① 交易型开放式指数基金，通常又被称为交易所交易基金（Exchange Traded Funds，简称 ETF），是一种在交易所上市交易的、基金份额可变的一种开放式基金。

计划是卖掉他们不用的东西。赚来的每一美元都直接进入他们的投资账户。她在当地的二手书店寄售了一本《汉密尔顿》，她以15 美元起步。金额虽不大，她正式入市了！这使她非常激动。

她没有多余的时间投入到旧货销售（工作！杰克！菲尔！）。因此她只选择了两种简单的方式：在附近的书店寄售图书，以及在脸书（Facebook）、“网上庭院甩卖”（online yard sale）板块上销售图书。凭借一张照片和简短的描述，她在脸书（Facebook）上卖了一个二手炉子，赚了 350 美元。她又卖了一辆杰克从未用过的儿童车，赚了 40 美元。再有 390 美元存入投资账户！

你会想要在某个时候放弃预算吗——这没关系。当它发生的时候，只要想办法让事情变得简单。也要注意最常见的预算陷阱（它们常发生在我们优秀的人身上）：

- 不要让自己有喘息的空间。必须买个甜甜圈了。
- 设定不切实际的支出目标。你的努力可能是高尚的，但如果它们不适合你的现实生活，它们就不会起作用。
- 假设快速变化。那就慢一点。
- 对自己要求过高。善待自己。
- 预算中有强迫症。不要过分计较小事情。
- 复杂性。把事情简单化。

当以上方法都失败时，你可能需要重新设置预算。抹去这一切，重新开始：写下新的目标和支出目标，然后分配你的钱。让我们回到那个改变生活的问题：我想让我的钱为我做什么？

# 结　语

# 你掌握了预算

如果你从这本书中一无所获，我希望你会意识到预算并没有什么限制。恰恰相反。当你按照 YNAB 的四条规则进行预算时，你完全可以控制自己的财务状况。你正在围绕你的优先事项来设计你的生活，没有什么比实现你的目标更好的了，无论需要多长时间。

如果你还没有预算，我希望你试一试。要有耐心，并记住，最重要的目标不可能一蹴而就。但是小的改变会带来很大的不同。

当你感到沮丧时，想想三个月、六个月或一年后你想要达到的目标。即使预算不完美（永远不会完美!），也要坚持预算，不要回头看。你会对自己的成就感到惊讶。

你能做到的。今天。现在。

你又有什么损失呢？除了债务和压力（好的，有很多）。

你掌握了预算，你有了方法。

# 致　谢

这本书是一个团队的努力，如果没有这么多人的努力是不可能完成的：

朱莉，我的妻子，感谢她从我第一次说出“我想我们需要预算”这句话的时候，就开始支持我。

泰勒·布朗（Taylor Brown），我的商业伙伴，感谢他的细心考虑和坚定的信心。

托德·柯蒂斯（Todd Curtis），YNAB 的首席文化（知识）官（CCO），感谢他把模糊的想法变成清晰的理念。

琳赛·伯吉斯（Lindsey Burgess），YNAB 的首席营销官（CMO），感谢她从一开始就对这个项目充满热情。

劳伦·库尔森（Lauren Caulsen），YNAB 的设计师，感谢她出色的封面设计和插画作品。

感谢作家玛丽亚·嘉格利亚诺（Maria Gagliano），她决心将我曾经写过或录制的所有内容合成到一本真实的书中。

丽莎·迪莫娜（Lisa DiMona），非凡的图书代理人，谢谢你给我这个机会，一路教导我。

斯蒂芬妮·希区柯克（Stephanie Hitchcock）和哈珀·柯林斯（Harper Collins）团队，感谢他们为把 YNAB 带到这个世界所做的一切。

整个 YNAB 团队，感谢他们坚持不懈地帮助人们，将他们的钱与他们的优先事项结合起来。

无处不在的 YNAB 使用者们，感谢他们与朋友和家人分享 YNAB 时的热情。

# 附　录

# 从哪儿可以阅读、观看和收听到 YNAB 有关内容

如果你是在预算上爱思考，想持续，我们友善的互联网不会让你失望。新的资源和社区不断涌现，这些只是许多伟大事物的一个小例子。

## YNAB.com 网站上的学习工具

**免费课程**：我们定期发布新课程，都是免费的，你不需要订阅 YNAB 软件就可以访问它们。我们把它们做得短小精悍些，这样你就可以得到你问题的答案，每一个都是由 YNAB 预算专家负责编写的。以下是撰写本文时的课程快照：

- 用你的预算掌握信用卡
- 积极偿还债务
- 达到你的储蓄目标
- 打破工资发放周期
- 无需借款就能支付大笔开支
- 破产时的预算
- 控制你的食物预算

请访问：https：//www.youneedabudget.com/classes/ 获取最新课程安排。

**每周视频**：在每周三的视频中，我都会在白板上探讨新的预算话题。你可以在 https：//www.youtube.com/YouNeedABudget 进行订阅。

YNAB **播客**：如果你更喜欢听我说话而不是看我本人，那么关注 YNAB 播客就可以了。通过在 iTunes 上搜索 YNAB 或访问 https：//soundcloud.com/iynab 就可以找到它。

**博客**：我们几乎每天都在博客上讨论预算问题。

请登录 https：//www.youneedabudget.com/blog/阅读访问。

**每周时事通讯**：《YNAB 每周综述》总是短小精悍，内容丰富，鼓舞人心。因为没人想要无聊的邮件。你可以在 https：//www.youneedabudget.com/weekly-roundup /注册订阅。

**指南**：在 https：//www.youneedabudget.com/guides/ 上浏览我们的指南，找到关于四项规则和其他大预算主题的灵感和有用的方法。

## 在网络平台上

我们被我们粉丝创造的、令人惊叹的 YNAB 社区所折服。我确信我错过了一些，因为互联网是无限的，但在我写这篇文章的时候，下面是一些很热闹的 YNAB 粉丝社区：

**脸书（Facebook）YNAB 粉丝群**：https：//www.facebook.com/groups/YNABFans/

**YNAB 后援群**:https://www.facebook.com/ groups/ 1401727190120850/

**社交新闻网站** Reddit **的** YNAB **板块**:https://www.reddit.com/r/ynab/

您也可以在 Facebook(facebook.com/iYNAB/)、INS(Instagram)(@youneedabudget)和推特(Twitter)(@YNAB)上找到我们。

# 关于作者

杰西·米查姆（Jesse Mecham）是“你需要一套预算”（You Need a Budget 简写为 YNAB）的创始人兼首席执行官，YNAB 是一家软件和教育公司。杰西当时还是个大学生，身无分文，刚刚结婚，他想，也许他可以在互联网上出售这套系统，帮助支付每月 400 美元的房租。事实证明他并不是唯一一个需要预算的人。十多年后，YNAB 帮助成千上万的人打破了薪水支付循环，摆脱了债务，节省了更多的钱。当杰西不教人们如何做预算时，他喜欢园艺、综合健身和旅行。他也花了很多时间陪伴他的妻子朱莉以及住在他们家里的六个小宝贝。